【日】加藤谛三◎著　韩贞烈◎译

你为什么总是说不出心里话

言いたいことが
言えない人

中国出版集团　现代出版社

前言

对羞怯的人来说，与人交往是个苦差事。

哪怕是日常生活中没什么所谓的小事，想说的话也会说不出口。不知该如何表达自己的感受，无法让别人明白自己的内心。

而且他们没有亲近的人。亲近，意味着对方是能让自己说出自身弱点的人。

一般人都是把想说的话说出来就会感到轻松，而羞怯的人却做不到。“把自己的事情讲出来会更轻松哦”，明明可以选择这样的生存方式，但就是做不到。

通过把自己的感受都说出来，心情也可以得到整理。这样一来，也可以慢慢找到方向。

但是羞怯的人，无法好好表达自己的感受，无法说出自己的意见，一旦出了什么事，就会陷入自责。然后觉得自己是个差劲的人。

羞怯的人，像是把自己裹在一团被子中，只能在里面喃喃自语。

因为不怎么和人说话，他们说起话来也常常是些不满。

羞怯的人，想唱歌，却无法开口；想跳舞，却不敢动作。

想说“喜欢”，却说不出。

想说“好漂亮”，却说不出。

想说“不要”，却说不出。

想发脾气，也发不出。

想说“想要那一个”，也没能说出口。

压抑着的有时是爱，有时是厌恶。

同时，生怕自己压抑着的感情被人注意到，因此一不小心就变成了自我意识过剩的人。

无论羞怯的人自己有没有意识到，他们对别人，有挥之不去的不信任。

这种不信任，变成了原因不明的不安。

羞怯的人与别人在一起时很难开心。与其说不开心，简直可以说是难受。这种情况下还要费心遮掩，和人相处就成为一件累人的事情，十分耗能。

原本，人和人之间的交流是一件令人开心的事情，羞怯的人却很害怕靠近别人。因为不太会与人交流，人际交往就变成了苦差事，能躲就躲。

但是没有人的话，就会很冷清。尽管和人在一起会觉得难受，但是一个人也并不开心。

所以羞怯的人会觉得生活很痛苦。从出生以来，就没有体会过生而为人的开心之处。

这都是因为无法信赖别人。

如果有可以信赖的人，就可以从自己的壳里出来，就可以体会到活着的快乐。

无法信赖别人，是因为他们没有在一个可以信赖别人的环境中长大。

无法信赖别人，是因为他们没有在一个可以信赖别人的环境中长大。

无法表达自己的情感也好，胆怯也好，不擅长与人交往也好，是因为他们是在没有安全感的环境中长大的。

心理健康的人会觉得与人接触是件开心的事儿。但羞怯的人，他们害怕人。

别说喜欢人，只要真的要去见谁，就赶紧避开。

但是这些问题如果解决不了，就会到死都无法体会到“生而为人，真好”的感受。

这本书，也正是为了解决他们问题的一本书。

羞怯的人虽然也在很努力地走着，却总是原地踏步，无法前进，仅仅是消耗能量，无法唤起任何变化。所以，他们也很容易患上抑郁症。

那些性情和稳，从不露怯的人，在他们的生活里，情感可以时不时地得到释放，不会深埋心底。

羞怯的人，需要的正是这个。

不再逆来顺受，而是奋起而战。

不再只知道明哲保身，而是懂得坚持不妥协。

改变或许如地狱之试炼。但如果不通过试炼，就没有出路。

如果心中不孕育出新的东西，新的道路就不会为你而打开。

这本书会探讨，关于如何熬过试炼、如何生出爱的思考。

哪怕仅仅是避开小石块，躲过半截木棍，这样的事情他们也做不到。

即使面前发生的事情并没有什么，羞怯的人也会不知所措。

垃圾就这样堆积成山。

为什么会那么害怕被人讨厌呢？为什么就无法堂堂正正地说出“我不要”呢？为什么想要别人帮忙时无法开口说出“拜托你了”呢？为什么与人相处时会一直担心自己哪里失礼呢？为什么不敢开口要钱呢？为什么无论什么事都是自己在忍耐呢？……

通过阅读这本书，可以找到这些问题的答案。

年长者与年轻人若要互相理解，是件很难的事情。男人与女人想要明白对方，也是件很难的事情。除此，还有来自不同文化背景的人们，历史已经证明了他们想要理解彼此有多难。

然而比这些更加困难的是，孩童时期的需求都得到了满足、心理上也同步成长为大人的人，和儿时的需求没有被满足，不得不被迫放弃了自己的需求的——羞怯的人，他们之间的互相理解。

这本书既是一本帮助羞怯的人更多地了解自己的书，也是一本帮助其他人去理解这个群体的书。

目录

Chapter 1

为什么会把自己封闭起来

“羞怯的人”是这样的人

无法坦率明确地表达意愿

人在有自信的时候，是可以清楚明白地表达自己的意愿的。

自信的人，与羞怯的人相比，可以用更加直接的措辞，坦率表达自己的意愿。面对讨厌的东西，就说“讨厌”。想拜托别人帮忙，就说“拜托了啊”。

羞怯的人因为缺乏自信，就会掩饰自己的真实意愿。他们说话会绕弯子，会使用间接的表达方式，借口多。所以对方常会不知道他想说什么。

因为无法明确表达自己的想法，他们自然也无法与人很好地交流。

“没有啦，我其实哪边都可以……”或是“你觉得可以的话那就那样吧”，总之他们不会明确说出自己的想法。

给某个羞怯的日本人做观光向导的美国人，在做向导的过程中会忍不住说“请饶了我吧”。

一问，原来是完全无法搞清楚对方到底是不是想去某个景点。

羞怯的人会很怕自己给人添麻烦，怕被认为是厚脸皮的人。

在这种不安之下，他们无法明确说出“想要这样做”之类的话。

若想要与人进行有效沟通，首先要对自己的话有自信，同时也要清楚自己和对方的关系。

自己现在，是在与家人对话，与恋人对话，与昨天刚认识的人对话，与今天初次见面的生意伙伴对话，与尊长对话，还是与给予过自己帮助的人对话，一定要清楚与对方的关系。

而羞怯的人难以做到。他们不太能把握社交的距离。

更糟的是，羞怯的人自我保护意识过强。太想让对方看看自己是个怎样的人，反倒表现得对对方没有兴趣。

这就无法进行很好的沟通了。

由于太过于担心自己被讨厌，会说些没有必要的借口，常常令人弄不清楚他们想说什么。

对方并没有问这些，却开始絮絮叨叨地说起来。

羞怯的人就是这样勉强自己。

觉得冷的时候，连“好冷”都说不出。

想吃乌冬面时，连“想吃乌冬面啊”都说不出。

不满就这样在羞怯的人心里积攒起来。

羞怯的人无法明确地表达自己的意愿，因为意愿得不到表达，对方无法得知，便只能被无视，这样一来又会感到受伤。

羞怯的人也是想要试图沟通的。但他们太想被人喜欢，就会勉强自己，结果无法实现沟通。

比如学校里有位老师，明明生病发着烧，却勉强着自己给大家上课。

但这时候教室里有人窃窃私语，这位老师就会觉得学生很讨厌。

“我发着烧呢。你们给我安静点！”其实这样说会管用的。

但羞怯的人做不到，他们做不出有效的表达沟通。

与人约了见面，因为喜欢那个人，想着要在约定的时间之前到达，早早地就去了。

对方按时赴约，并没有感受到自己早早到达的诚意，就会觉得受伤。

这样的事情日积月累，就变成了敌意。他们并不是生来便具有攻击性的。

羞怯的人，面对这个人也勉强自己，面对那个人也勉强自己，但是却得不到他们想要的回应。

羞怯的人啊，你一定要把自己的心情说出来才可以。丢脸就丢脸好了，请开口吧。

世界就是从这里打开的。

说出自己的意见，并不是强加主张于他人。

只是把自己的想法向别人说明而已。

是把该说的事情说出来。

当然说出无视别人的话就是任性妄为了。

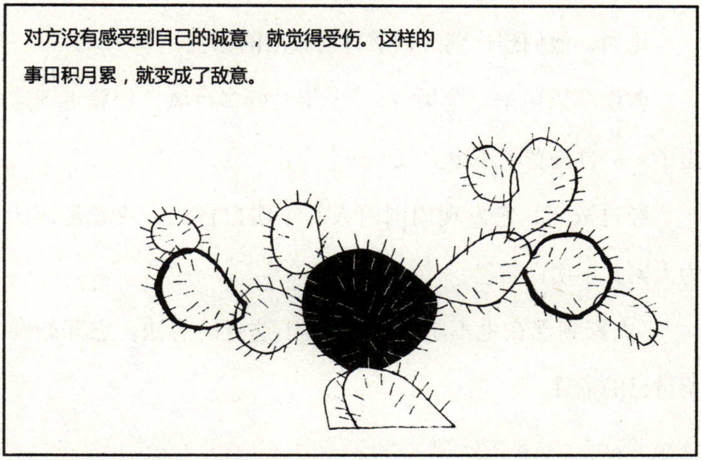

想委婉地提醒对方自己的牺牲

所谓交流，一定要让对方明白自己。

如果对方能够懂得自己，想说什么就说什么，人际关系也不会变得奇怪。

自己明明带了三明治来。结果对方问“自己便跟着不要吃饭团？”便去吃饭团了。

对方说“很奇怪是吧”，自己也会跟着说“是好奇怪啊”。

“我这个是价值1000日元的苹果”，明明这样说就可以了，非要说“800日元是不是有点便宜呀”。

他们吞吞吐吐，做些没有必要的努力。

因为他们想要被认可，消耗了不少精力，却都是白搭。

比如，他们想让别人知道自己做出的牺牲。

就像苹果田里，苹果说：“今年有好多台风，总算走到这里了……真是费了不少力气……”

经过数年，它发现周围的人并不明白自己。或者是，认为大家并不明白自己。

“大家到现在也不明白我。”出于这样的想法，它开始强调自己的牺牲。

羞怯的人，尽管也会照顾别人的感受，却不受喜爱，会给人冷淡的印象。

——明明在苹果园里，却以为是在梨园里。

最开始被人说“你是一个烂苹果”，之后也总听到这样的话。

因此并不知道其实会有人认为“你是一个很棒的苹果”。

如果不把精力浪费在没用的地方，或许可以做出很厉害的事情呢。

羞怯的人，越是宣扬自己的价值，越是令人讨厌。

作为苹果的我，曾经在梨园里待过。周围的人对我不置可否。

后来虽然到了苹果园，仍然像是在梨园里时那样说话。

其实在苹果园里的大家，是知道苹果的价值的。

一旦停止无谓的浪费精力，人就可以做出很厉害的事。

“如果你吃了这个苹果我会很开心的”，明明这样说就好，出口却成了“你不怎么吃苹果之类的吧”。

羞怯的人，他们并没有真正和当下身边的人接壤。他们的内心仍停留在过去——被不认可自己的人所包围。

但是现在，他们周围的人已经不是那些人了，现在的人会因为你是你而认可你。可是他们并不知道这一点。

不清楚人际关系中的“距离感”

羞怯的人对人的看法，往往来自强势的父母。因此他们觉得人可怕，几乎就是理所当然了。

神经衰弱的人以及羞怯的人，从小就不曾体会过“亲昵感”。没有感受过与父母之间的亲密无间。

只有明白什么是亲密无间，才能对人际关系中的“距离感”有概念。比如一件事情因为是父母所以可以去做，换了是其他人那可不行之类的思路，是距离感形成的基础。

但是由于小时候，他们没有与父母那样亲密地相处过，就会缺乏距离感方面的概念，甚至会希望初次见面的人可以亲密地对待自己。

神经衰弱的人以及羞怯的人，会想要初次见面的人可以像父母一样对待自己。

有句话说，“欺凌是从家庭开始的。”羞怯的人性格的形成，也是源自家庭。

有“女性恐怖症”的人会去和路过的女性搭讪，正是因为他们害怕人，也无法把握人际关系中的距离感。他们对距离感没有概念，只是循着自己内心的冲动行事。

这个冲动的核心，是孩提时期的愿望。

他把自己儿时的愿望强加在了陌生人身上。

美国社会学教授吉尔马丁（Brian Gilmartin）在他的著作中提到，羞怯的人（the love-shy man），往往由于他们急切地表现出自己的欲望而使女性感到异样。

他们并不懂得二人之间现阶段是怎样的关系。

在确定关系之前，他们的心里已经走得很远了。

一般人会想“这种类型的话，应该是要这样比较好吧”。这样想着去缩短两人间的距离。

而羞怯的人，他们只接触过长期而稳固的关系（permanent binding relationship）。

初次见面时要说适合与初次见面的人说的话才行。但是由于不理解人和人的距离，就无法自然地与人交往。

“怎样才能追到那个女生呢？”羞怯的人是无法开心地去琢磨这样的问题的。

下次会在会议上碰见，穿个稍微抢眼点儿的西服吧。可以坐在她斜前方，亲切地和她打个招呼。

如果她那边对自己感兴趣了，就先装作不知道好了。对方一定会有点儿慌的，这时再忽冷忽热一下，看看情形约她出来。

羞怯的人可无法享受思考这些事情。

“那个女人第一次见面时为什么那样对着我笑呢？她一定是对我有意思。”下次见她时要注意一下西服领子和坐姿。然后想想怎么追到手，花时间去实行。

这种事羞怯的人是万万不会去做的。

因为他们没有做这种事的余力，本来就不怎么与人打交道，没有这样的能力，也缺乏自己主动去做点儿什么的积极性。

如果中意的女性不立刻对自己表现出积极的反应，不主动提供邀约的机会，就会放弃。

而一旦他们真正开口邀约，会让人觉得十分突兀。

难以把握人和人之间的距离，也是年轻人们最近的困扰："不知道要怎么交流比较好。"

不必考虑距离感这种问题的时候，就是上网了。

难以把握人和人之间的距离，困扰："不知道要怎么交流比较好。"

所以人们会觉得在网上交流很轻松。

有一个上过电视的这方面的专家说过："如果是面对面时不能说的话，那么请也不要通过邮件之类的方式说。"虽然这样讲，但其实通过网络交友的那群人，往往面对面时也会说出不合时宜的话。

羞怯的人在朋友家。

"可以在这儿待到几点哪？"

"三点吧。"朋友说。

其实他很想说想待到四点的，却说不出"四点不行吗"之类的话。

如果对方说"啊，时间差不多了"，他就会立刻站起来。

"四点不行啊？""不行呢。""哦好吧。"明明就是这个程度的简单对话，他却做不到。

羞怯的人无法说出自己的想法。

把自己的想法说出来，不讨喜就不讨喜了，人有的时候就是要这样。

羞怯的人会珍视"说出了自己的想法"的喜悦。

没有可以安心地敞开心扉的对象

羞怯的人，一旦被问“为什么”就会感到不安。

人们有时并不是一定想知道为什么才问的。

人为什么会不高兴呢？

那是因为感觉上出现了“不一致”。

人们问“为什么”时，其实是想把这种“不一致”的空隙给填充上而已。说话就是这样的。

反过来，羞怯的人被告知“行不通”时，问不出“为什么不行呢？”

建立信赖的第一步，就是问出来。

“那本棒球的书借我一下。”

“不行。”

“为什么不行啊？”这是很正常的对话。

羞怯的人问不出口。

其实问出来会轻松很多。

旁人对羞怯的人说：“怎么这么可怜的样子，问一下就好了啊。”

话说不出口的人，会因此吃亏。

为什么这么说呢？因为话说不出口的人，周围总是会有狡猾的人，会利用这点。

羞怯的人因为不善沟通，常被人误解。

“就是讨厌啊。”听到这样的话时，羞怯的人却会认为对方讨厌的是自己，但明明对方讨厌的是某一处具体的地方。

一个人想要表达自己的感情，是要建立在对对方信赖的基础上的。

如果无法信赖对方，就无法建立真正的情感沟通。

所谓敞开心扉，在交流中，等同于将自己暴露在别人面前。

所谓信赖感，其实是知道对方即使了解了真正的自己，也不会抛弃自己的安心感；是即使暴露了自己，也不会受到伤害的安全感。

一个人想要表达自己的感情，是要建立在对对方的信赖之上的。

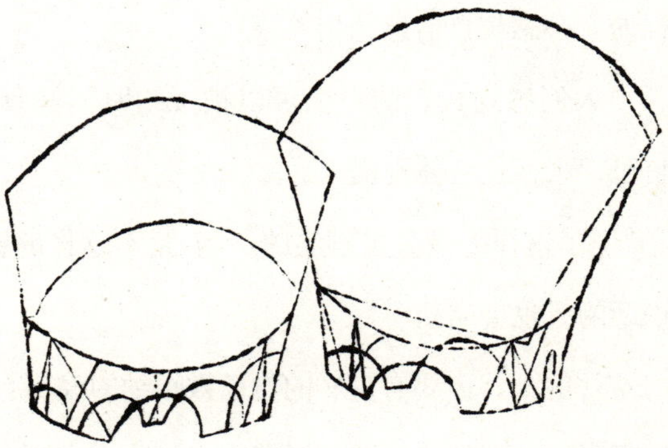

而人与人之间的交流，是建立在这样一种安心感上的。这并不是自己一个人就能做到的事情，因此羞怯的人无法与人好好地交流。

人前不能邋邋遢遢的，这会让人感到不愉快。这是社交礼仪。

但是，偶尔在亲近的人面前，其实是可以不加修饰的，这是没关系的。

和亲近的人可以进行亲密的交流，也就是所谓无话不谈。

然而人们并不是和谁都可以“无话不谈”。

人身上会有一些反社会的，或者是并不社会化的东西，而这些其实就是通过亲密的交流得到消化的。

而羞怯的人，并不认为面前的人可以接受像傻瓜一样的自己。

即使与社会的期望不一致，但这个人是可以接纳自己的。这样的安心感与自信息息相关。

当人们感到真正的自己可以被接纳时，就会表现出真实的自己，个性也会体现出来。

“说了这样的话会被嘲笑的。”若是有这样的害怕和不安，爱说话的人也会闭口不言。

羞怯的人，需要有真实的自己被接纳的经历。

但是，一般的人，即使冒着一点风险，也愿意展现自己。

而羞怯的人，会彻底规避这种风险。

当说“好像是吧”时，是在寻求爱

一位女士觉得面前男士的包很帅气。

于是她问:“之前见面时好像没见过这包，是第一次背出来吗? ”

这位羞怯的男士是这样回答的。

“好像是吧。”

“是 Bally（品牌名）的包? ”

“好像是吧。”

怎么可能关于自己的包什么都不知道，这人真讨厌。这位女士想。

这位女士不会相信，一个人对自己拿着的包一无所知。

但其实真的有男性是不知道的。

这里就产生了认知上的“不一致”。

导致彼此之间有了误会，觉得对方是“讨厌的人”。

有的人对包毫无兴趣，有的人则是装作漠不关心。

上文这位女士显然认为这位男士是在装作不感兴趣。因此才觉得他是个讨厌的家伙。

即使非常确定是第一次背出来，不说“是啊，头一次背呢”，而选择说“好像是吧”的人是切实存在的。

“好像是吧”，就是别扭、腼腆的男性会做出的回答。

其实是想要得到爱。

说“或许……”也是在寻求爱。

“好像……”“或许……”里边隐含的，是希望得到对方的关心，希望被在意的一种感情。

但是，“好像……”“或许……”这样的反应，常常会让对方感到丧气。

“还是不奉陪了。”对方会在心里说。

会话也就在这里结束。

陷入一潭死水。

羞怯的人，在小时候，从未得到过直接的夸奖。身边的人并不是会坦率表达“好棒啊”的人。

在设法让别人更加理解自己这件事上，他们也缺乏努力。

上面提到的“好像是……”其实就是需要补充说明的。

“这包很赞啊。”

“啊，看起来不错吗？这是大概五年前买的呢。”

或者“真的吗？已经有些旧了呢。”都可以作为回答。

如果不太明白对方的意图，也可以问“啊，什么意思？”

有了这样的补充说明，误会就会解开。

如果对方觉得信息不足，上文的男性也意识到“一般人不会对自己的东西一无所知”这件事，可以补一句“这是之前买的”。

但是问题在于，自己认为是常识的事情，对方未必这样觉得。

上文的女性认为“不可能对自己的所有物一无所知”，但男性却并未对此做出任何补充说明。

这就容易使关系往糟糕的方向发展。

即使一方只是本能地做出反应，但有时也会令另一方感到异样，这种情况也是存在的。毕竟人与人的价值观、生活习惯是存在差异的。

喜欢名牌的人，与不在意品牌的人对话，自然会产生误解。

比如前文的男性，嘴上说着“好像是 Bally 的吧……”，但在他眼里包只是包而已。

要不就会说“啊对，是 Bally 的”了。

如果是相亲，估计就到此为止了吧。

人与人不可能拥有相同的价值观和生活习惯，这就更使羞怯的人觉得沟通是件困难的事。

羞怯的人往往难以忍受沉默，会觉得面前有人的话就一定得说点儿什么。

但他们即使是与恋人在一起，都会不知道说什么好，或是不知如何表达自己的感受。

所以，如果是约会，就一定要有明确的方向。

可以在此基础上制订具体的计划。

这样才能略感安心。

这就是羞怯的人能做出的最大努力了。

如果约会不顺利，就会觉得，自己已经那么努力了，还是无法让对方满意。

其实努力的方向本就不该是如何制订行程，而是去好好倾听和理解对方。

羞怯的人会搞错努力的方向。

我们认识人的渠道是多种多样的。有的是在工作中认识，有的有相同的爱好，有的是打工认识的。

但是由于羞怯的人总是把自己封闭起来，因此如果工作结束了，也就不会再和之前的人有什么交集了。

如果能够与别人敞开心扉、坦诚相对，即使不再有这些方面的接触，也不会与这个人彻底失去联系。

不善于表达自己的人

被拒绝是件可怕的事情

羞怯的人，难以好好地表达自己的感情或意见。

美国的社会学教授 Brian Gilmartin 曾经针对羞怯人群做过一个跨时 10 年以上的调查。

他采访了 300 名非同性恋取向的腼腆型男性。主要来自纽约和洛杉矶，也有几个人来自美国南部。

访谈在 7 所大学展开，计划用时 3 小时，但实际不少采访持续了 4 小时左右。

调查主题是社交退缩行为（social withdrawal）。

年龄在 30 岁到 50 岁之间，未婚，性格内向害羞的 100 人。在这之后，会用“羞怯的成年人”来称呼。年龄在 19 岁到 24 岁之间，未婚，性格腼腆的 200 人，则会被称为“羞怯的大学生”。

相对地，年龄在 19 岁到 24 岁之间，非腼腆性格的 200 人，会被称作“有自信的大学生”。

这里，“羞怯的大学生”和“有自信的大学生”是从相同的社会背景中抽取。

Gilmartin 在著作 *The Shy-Man Syndrome*（Madison's books）中的“是否认为表达自己的情感很困难”这一题上，66% 的“羞怯的大学生”和 93% 的“羞怯的成年人”都选择了“是”。而“有自信的大学生”里，只有 19% 做出了肯定回答。

对“你小时候很安静，不怎么哭”这一条，有 73% 的“羞怯的大学生”和 86% 的“羞怯的成年人”选择了“是”，而“有自信的大学生”里，只有 16% 做出了肯定回答。

显而易见，和有自信的人相比，羞怯的人更难以表达自己。

人会恋爱。

羞怯的少年也不例外。

然而，他们却无法向对方表达自己的感情。

为什么呢?

因为害怕被拒绝。

还有就是，不知如何开口。

羞怯的年轻人即使心里很喜欢对方，也不敢轻举妄动，只是从远处默默守护。

偶尔有机会坐在对方旁边，也不会搭话。别说是恋爱了，连普通的交流都要暗自压抑。

其实是有不少可以成为朋友的机会的，但是他们抓不住，无法把握机会。

这样一来机会简直就变成了令人郁闷的时刻。

如果需要自己努力搭话，去构筑人际关系，那就还是一个人待着吧。自己不具有那样的能量。

因为缺乏自信而无法表达自己意见的人，总是在忍耐，慢慢地就变成了阴郁的人。

他们经常会感到孤独。

他们心里已经因为孤独在哭泣了。但表面上，反而常常会做出强势的表现。

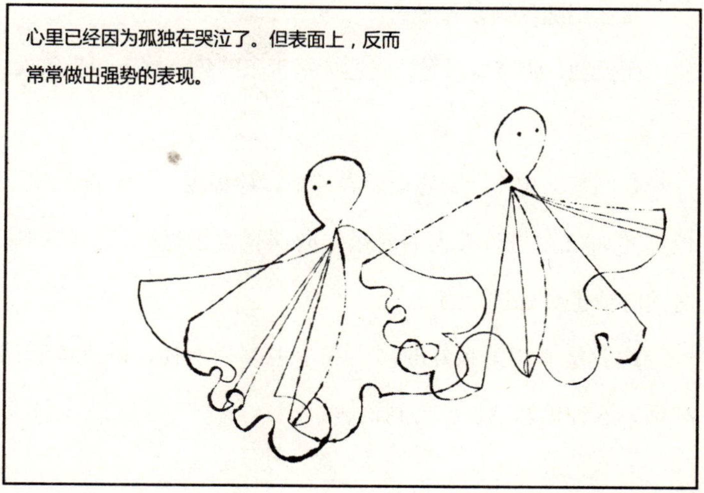

慢慢地，他们就失去了温柔待人的心。

最危险的，就是习惯了这样的孤独。

无法表达自己意见的焦虑

羞怯的人，无法表达自己的感情。

正因为如此，他们受伤的心更加难以痊愈。因为人需要通过把那些负面的情绪释放出去，才能得到治愈。

就像堵车一样，心灵长期处于堵塞的状态。由于意见与感受得不到表达，负面情绪会逐渐积累，更加动弹不得。

于是他们就会焦虑，感到压力。

与之相随的则是孤独。

而孤独，使原本因无法表达情绪带来的焦虑感进一步放大。

在回家的电车上，心里想着“难以原谅今天课长的态度”。但其实如果在当时火大的时候，向课长发出过抗议，那回家时的心情也会好过一点。

或者是，和关系好的同事找个地方喝一杯，讲讲课长的坏话，这种愤怒感也会得到消解。

羞怯的人因为难以表达自己的意见，会给人谦虚的印象。但这并不使他们感到满足感。

自己言辞谦逊，而听着这话的人就那么接受了，也会感到不舒服。

比如，其实自己是觉得自己英文不错的，但会谦逊地说“我的英语也就是……”

对方如果说“啊这样”，就会不开心，私底下会想说那个人的坏话，觉得那个人讨厌。

因为想要被尊敬，被喜爱，而做出谦虚的样子，并不是真正的谦虚。

因此才会因为对方就那么接受了自己的话而心存不满。

一直以来，无论是否愿意，总要向别人妥协，
被压抑的愤怒或许正是原因。

羞怯的人常常妥协。

虽然妥协，但并不是从心底接受了对方的意见。

所以每次妥协，愤怒就会在心里增长，然后变得烦躁。

我写过一本《电车是“心灵的休息室”》(PHP研究所出版)的书。总是烦躁不安的人，在电车里，会思考，为什么自己会这么烦躁。

也许羞怯的人也会在那本书里找到自己的原因。

一直以来，无论是否愿意，总是要向别人妥协，被压抑的愤怒或许正是原因。

不说“NO”，默默忍受

羞怯人群里，有一些人患有无法与人视线相交的“视线恐惧症”。他们不知道与人四目相对后该怎么做。

如果明确地知道自己要怎么做，即使与人视线对上，也不会不知所措。

但是羞怯的人本身是没有主见的人，大概这是他们害怕与人目光相对的原因。

即使是在便利店结账时，也不敢抬头。

总之，先躲开他人再说。而做事的时候，也不会去主导，因为担心自己主导了，结果却不会令对方满意。

更准确地说，比起无法拿到主导权，常常会发生主导权被别人拿走的情况。

因此容易被狡猾的家伙利用，变成冤大头。做生意或做其他事情也很容易失败。

以美国社会的背景为例，当这样的人被告知“没什么可担心的，请在这里签名就好”时，就会直接把字签了。

“不，我不太理解这些条款的意思，我需要与我的律师商量后再决定”，其实很想这样说，但说不出口。或者可以干脆说“我不太明白，没办法签字”，或是说“我想再考虑一下再说”，但他们哪句都说不出来。

兢兢业业工作获取的劳动所得就这样轻易被人拿走，这既是羞怯的人的悲哀，也是他们的特征。

自小时候起，他们所见到的世界，以及他们自身被世界对待的方式，这两者之间，并没能形成一个良性的互动。

从小他们的父母就没有做到正视他们的需求。

因为习惯了逆来顺受，长大成人之后，在关键的时刻也往往会流露出软弱。

如果被有心计的人逼着他们做某种决定，他们即使心里不情愿，也往往会让步。

举个最近日本的例子，有个被装修公司骗钱的案例。

羞怯的人即使内心明明知道有时不说“不”的话，会令自己蒙受损失，也难以拒绝别人的要求。

说“不要”其实就是在表达自己的想法，而羞怯的人对将自己的想法公开这件事本身就心怀畏惧。

其实不光是被装修公司，羞怯的人常被各种各样的人当作冤大头，这其中也包括他们信赖的人。

因此羞怯的人容易得抑郁症。得了抑郁症，说“想要去死”这样的话时，其实是想要有一个出口，把心中的怨恨释放出去。

在抑郁症边缘的人感到悔恨不甘时，不会因为想要发泄而对外表现出攻击性，他们会把这种情绪内化，产生“死掉就好了”这样的念头。也正因如此，周围的人并不太能觉察到他们悔恨的情绪，有心计的人反而会看准他们的弱点更加得寸进尺。

最令人感到痛苦的，莫过于得知自己被欺骗。“骗得我好苦”，这样想的时候内心想必是无比苦涩的吧。

然而羞怯的人，因为太孤单，常常会把客套或者是装出来的亲昵当真。

另外，他们也不太会去怂恿别人做某件事。

因为害怕向别人推荐了什么，而并不合对方的意。

因为从小就总是压抑着自己，在这个过程中自己也逐渐变得不是很喜欢自己。

因为并不快乐，也就不觉得活着有多么好。

根据前文提到的 Gilmartin 的问卷调查结果，针对“人生有许多有趣的事”这一条，“羞怯的大学生”中做出肯定答复的仅有 34%，而“羞怯的成年人”里仅有 20%。

羞怯的人因为想做的事总是做不了，无论干什么，都难以产生类似满足感、安心感、达成感这样的正面情绪。就好像总是在做一些没有意义的事情。

如果所做的事情可以带来正面情绪，就可以知道“以后像这样过就可以啦”。

容易罹患抑郁症的“羞怯的人”

羞怯的人在人前会感到自己的笨拙。

所以，他们会想要避免别人和自己搭话。

如果是在食堂，可能就会带本书看。

与人会面会令他们感到疲惫，因为会无法放松，坐立不安。

Aaron Beck 关于抑郁症病人做出的描述与羞怯的人十分相似。

抑郁症病人无法发动对话。如果被询问某事，会用有限的词汇做尽量简短的回答。

因为他们没有什么想说的话。

但如果是讲别人的坏话，即使是与当下的情况没有什么关系，他们也有可能会一吐为快。[①]

这样一来，羞怯的人如果做销售，就很难出业绩。

销售业绩好的人，往往是积极乐观的人，也并不讨厌与人接触，还有就是有自信。

这里要注意沉静与羞怯是不同的。

总的来说，他们难以表达感情。

正因如此，就像哈佛大学研究羞怯者心理的著名学者 Zimbardo 所说的那样，他们容易罹患抑郁症。

人在与他人对话时，会将自己投入其中，在将自己展现给他人的同时，也可以通过对话更加了解自己是个怎样的人。

---

① "The patient does not initiate a conversation or volunteer statements and, when questioned, responds in a few words." Aaron T.Beck, *Depression*, University of Pennsylvania Press, 1976, p.41.

在我翻译过的一位名为McGinniss的咨询师的著作里，他写道："将自我展示给他人之际，便可得知自己是怎样之人。"

他说得一点都没错。而羞怯的人，是不敢将自己内心示人的人。

羞怯的人因为对外界持有很强的警惕心，所以无法放松地投入对话。

Zimbardo认为，当我们运用巧妙的手段在他人面前隐藏真实的自己时，会增加迷失自己的风险。[①]

如果总是隐藏自己，就难以客观地分析自己。无法分析自己，就无法了解自己。

话说回来，所谓"弄丢了自己"是怎么回事呢？

那是说，自己也搞不懂自己的感情了。不知道自己真正想要的是什么。

---

① Philip G. Zimbardo, *Shyness*, Addision-Wesley Publishing Company, 1977, p.114.

为什么无法表达自己的想法

羞怯的人，尽管难以自发地表达自己，但却会希望别人能够懂得自己的感情。

他们想做一个自矜的大人，同时又想像小孩子一样撒娇，那就是贪心啦。

如果真的是个迟钝的傻瓜，或许会好受些，可是又并不是。

他们从不说“我想这样做”，而会说“既然大家想这样”。

就像这样，一边说着言不由衷的话，扮演着随和可亲的角色，一边其实也暗自希望事情可以按自己的想法发展。

“那样做会不会更好点啊？”这样说的人，也是一样。

下面是一些在美国某大学进行短期言语留学（为提高外语能力而在部分大学设置的短期留学项目）的人。

项目分为初级、中级、高级三个级别。

学生对教中级外语的老师表示不满。

负责日本窗口的工作人员因此与学校进行了交涉，但还是没能更换老师。不过，在学生的送别晚宴上，大学当局没有邀请这位老师参加。

结果学生们居然拜托学校把这位老师也叫来参加。这令美国大学的工作人员感到十分惊诧。

也就是说，之前学生所表现出的不满，并不是他们真正的想法意见，只是发发牢骚罢了。

人为什么会想要回避表达意见这件事呢？

那是因为会害怕由于表达了自己的意见，而被讨厌。

为了不被讨厌，而隐藏自己意见的人有很多。这种做法其实是牺牲了自己的感受和想法的。

为了让别人喜欢自己，不知道他们做了多少让自己难受的事情。

在这样伪装自己的同时，也会逐渐不知道自己实际是一个怎样的人。因为担心被讨厌，担心变成一个人，便会做出

为了让别人喜欢自己，不知道他们做了多少让自己难受的事情。

和别人一样的选择和行动。

如果认为不发表自己意见的人天性柔顺，那就大错特错了。他们的心底其实潜藏着暗暗的敌意。

因为心底怀有这种隐约的怨恨，他们有时会对于别人的不幸遭遇而暗自感到开心。

在独裁式家长控制之下成长的恐怖

羞怯的人之所以会形成那样的性格，是因为他们是在一个让他们害怕到不敢表达任何意见的环境下长大的。

一想到自己所表达的情绪如果不合家长的意，会带来怎样的后果，就害怕得不敢表达自己。

“哇，那个人好厉害！”对别人表现出这种崇拜尊敬的感情时，说不定就碰触了自卑感强的父亲的逆鳞，然后被责骂到半夜两三点，这样一来他们便再也不敢随便去表达。

因为养的小狗死掉了，伤心得不能自已。这时听到父亲说：“堂堂男子汉为了一只死掉的狗难过成那样，真是个废物。”从那以后，他们就不敢再流露出悲伤的情绪。

这种恐惧，在长大成人后，仍会深深刻在记忆深处，难以消逝。

想说些什么的时候，这种记忆深处的恐怖就会苏醒，令他们因为害怕而什么都不敢说。

即将开口的一瞬间，身体的恐怖记忆也会一瞬复苏。

所以无法表达意见，无法展现自己。

于是他们把自己封闭了起来。

心门紧闭的人，是被儿时的恐怖支配的人。

如果能在恐怖的体验发生之后很快得到抚慰，也不会有这样的后遗症。

但羞怯的人，往往在这样的经历之后，没有得到任何的抚慰。如果当时能有母亲一样的角色存在，或许就可以让他得到治愈。

没有经历过这种恐怖体验的人是难以理解这种恐怖的运行机制的。

有这样一位名人。

饭局之后，有人和他说："为您准备好车子了。"

他明明有车，却没能说："不用了，我开车过来了。"而是把自己的车搁在那儿，用别人备的车回去了。

当听到"为您准备好车子了"时，在拒绝了别人之后被讨厌的那种恐怖一瞬间在全身游走，于是就没能开口拒绝。

在他小时候，就曾因为拒绝了对方的好意而经历了可怕的体验。这段经历深埋记忆中，使得他在长大成人之后如同条件反射一般地说了“谢谢”，等他察觉时就已经脱口而出了。

一匹马听了某种声音之后，人们便给地板通电。循环往复几次后，即使仅仅是播放声音，不再给地板通电，马也会在听到声音后扬起蹄子。“事实上，这匹马的行为，放在过去（通电时）是有意义的，而放到现在，只是固执而无意义的举动。”[①] 就像马条件反射似的扬起蹄子一样，羞怯的人在想要展现自己的那一瞬间也会被恐怖支配而选择闭嘴。

没有小孩子能够在独裁式家长的控制面前自由地表现自己。

有人会对受欺负的小孩子说“那就骂回去啊”，这样说的人一定没有体会过反抗带来的可怕后果。

事实上，如果是在家长独裁的家庭里长大，是根本没有“还嘴”这回事的。

所谓家长独裁的家庭，是不允许服从以外的事情发生的。柔顺、听话是最高的美德。他们的小孩儿总是在压抑自己的情绪，总是在害怕。

---

① Paul Watzwick，*How Real is Real ?* 小林薰译《你在被误解》光文社，1978 年，60~61 页。

他们是在把服从当作美德的环境里长大的人。

而那些被压抑的情绪，并不会简单地消失。在可以自由地表达自己的环境下长大的人是难以理解这些的。

同样生于这个世上，另一些孩子，会被鼓励说出自己的观点，表达自己的感情。

一些人出生于地狱，一些人出生在天堂。

对一些人来讲，人间即是炼狱；对另一些人来讲，人间就是天堂。

小时候没有体验过恐怖的人，是怎么都无法理解“害怕得开不了口”这种心理状态的。

当对方说出与自己的想法相反的意见时，一直逆来顺受

“那就骂回去啊”，这样说的人一定没有体会过反抗带来的可怕后果。

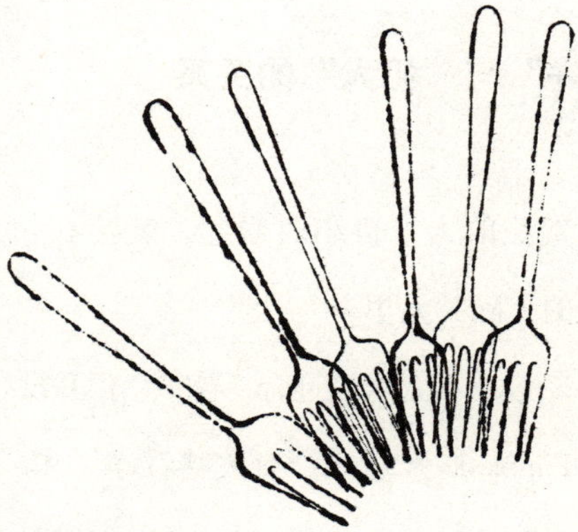

的人除了把自己封闭起来，不知道还可以做什么。

而把自己封闭起来是怎样令人不愉快、令人难受的，光凭想象也是很难体会的。

那是一种深深的绝望和孤独。

那是一种自己的感受无人理解的、悲伤和愤怒交织的复杂的情绪。

感到纠结时，也不知道该如何对应，除了把内心封锁起来想不到别的对策。

羞怯的人就像这样，不知道压抑了多少原属正当的攻击性。

压抑自身的攻击性本身，便是在无意识地付出代价，在不自觉的状态下失去自信。

即使获得了世俗意义上的成功，也没有自信。

“看守”与“犯人”的关系

羞怯的人，自小时候起，就活在由“看守”和“犯人”构成的人际关系里。

“犯人”虽然会去迎合“看守”，但并没有从心底喜爱“看守”。

Zimbardo做过一个有关“看守”和“犯人”角色的实验。所有参与实验的人事前已通过心理测试，可以看作心理健全。

扮演“看守”角色的人最开始还只是傲慢无礼，后来变得对“犯人”角色的人行为残忍，再后来，表现出施虐狂的特性。

而“犯人”那一方面对这样的力量，感到苦楚、无力，最愚蠢的是，他们逆来顺受地接受了所有的规则。[①]

“犯人”一旦反抗，会受到惩罚。

而家长独裁之下的小孩子，就是和这种设定类似的情况。

羞怯的人小时候就是活在这种类似“看守”和“犯人”构成的环境里的。

所以他们当然会性格柔顺，迎合别人是他们学到的生存法则。

Zimbardo 提到，部分极端羞怯的人，他们的身体里同时存在着两种人格角色。

在日本，欺凌别人的人和被欺凌者，常常是同一个人。

小学时遭遇霸凌的人，中学时变成了施害的一方，这种转变会让他们排解心中郁结的恨意。

羞怯的人在作为“犯人”一方存在时，“想要成为的角色”其实是“看守”。

对羞怯的人来说，他们“理想的自己”和“实际的自己”

---

① *Shyness*，木村骏，小川和彦译《羞怯〈1〉腼腆的人》，劲草书房，1982 年，1~2 页。

之间存在很大的偏差。

因此他们每天都会有很重的心理负担。通常他们在感到烦躁的同时，会无意识地顺从他人。

羞怯的人害怕与人有矛盾。他们不会说出自己的意见，因为担心会与别人的意见不一致。

与人对立会使他们觉得尴尬和无所适从，与其让事情发展成那样的局面，他们宁可选择缄口不言。

因为胆怯而不敢表达自己的想法，并不代表他们没有想法。

他们是有想要说的话的，心里其实比一般人还要任性，想说的话比一般人还要多。明明这样，表面上却表现得比一般人更加顺从。

所以他们自然心里会比别人有更多的不满，但这种不满他们也是不会说的。

然而如果长期以来都不表达自己的想法，那么自己也会逐渐不知道想要什么。最后就变成尽管不知道为什么，但心里就是觉得不舒服。

选择“不说”的人们

至今为止关于羞怯的人，我们用的都是“说不出”这样的字眼。

但实际上，他们是“选择了不说”。

当然，自己会觉得是“说不出”，“想说”却“说不出”。

但是如果把潜意识也考虑进去，其实还是自己“选择了不说”。

也就是说，他们尽管下意识地想要表达，但会受制于潜意识里的恐怖记忆，而最终选择缄口不言。

在“说”与“不说”这两个选项之间，在自己也没有意识到的情况下，因为某种恐惧，而选择了“不说”。

“你是先做了某件事，再为自己的行为加上可以作为行动理由的动机”，持此观点的人是《自我创造的原则》（三笠书房出版）的作者——美国著名的精神科医生 George Weinberg，

然而如果长期以来都不表达自己的想法，那么
自己也会逐渐不知道想要什么。最后就变成
尽管不知道为什么，但心里就是觉得不舒服。

他认为，潜意识里的这种恐惧，在每次想说却最终选择不说时，都会进一步增强。

也就是说，羞怯的人这种羞怯的特质，往往会越来越严重。

从 Gilmartin 的调查结果也可以看出这一点。年纪更大一些的羞怯者，和年轻的羞怯者相比，羞怯的特质更加突出。

我们会有意识地去在保障安全的前提下行动。潜意识里，也是要付出相应的代价的。

但这并不会构成问题，也不在我们考虑之列。

所以就像澳大利亚的精神科医生 Beran Wolfe 所说的那样，幸福与不幸都是呈复利增长的。

这与刚才提到的 George Weinberg 的观点——“人的行动会加强它背后的动机”不谋而合。

我们做生意时，会选择交易的对象。去买东西时，会根据价格，或是品质做选择，也会选择去哪里的店里买。

这类选择是每个人都会做的。我们是有意识地去做这样的选择的。

我们进了餐馆，会去看菜单，琢磨吃什么。

人们都会很自然地考虑，是选择吃拉面呢，还是吃咖喱呢？

但其实，我们是无意识地规避掉了很多东西的。

事实上这种规避也是一种选择，就像刚才所写的，是潜意识里做出的选择。

无意识的不满

之前提到，羞怯的人“说不出自己的不满”。

为什么呢?

因为想被大家喜欢。

因为想被喜欢，无法表达自己的想法。

对谁都是笑脸相迎。

但心底是有不满的。这种做法会使得压力大量积攒。

结果是，羞怯的人什么都不说，也并没有感到满足。

他们是一种走投无路的沉默。

不满在心中越攒越多，而无法对别人展现的攻击性会被内化，冲着自己来。

所以，有人会得抑郁症，有人会失眠。有的人自己能意识到这一点，有的意识不到。

但比起一般人，他们的不满没有出口。德国图宾根大学的教授 Kretschmer，把这种释放感情的能力称作“传导能力”。而羞怯的人，不具有这种“传导能力”可以让他们处理积攒下来的情绪。

因为他们自小就习惯了通过压抑自己来获得别人的喜爱，因此会一直忍耐，想说的话也不说。

但是心中的不满不会因此而改变。这种不满有时会被挤入潜意识，有时他们自己也能意识到。

羞怯的人从小学到的交往方式，就是迎合别人。

心中的不满却每一天都在不断地积攒。

在本人尚未察觉时，这种不满就已经积攒到了一个惊人的量级。这对人的性格也会造成影响。

羞怯的人好像对一切都有不满，任何事物都可能令他们感到不快。别人无论怎么做，都会令他们感到火大。潜意识里，或许别人的存在本身就已经令他们不爽了。

但这些他们都会忍耐下来。因此他们变得抑郁，就不是什么奇怪的事了。

为了被上司喜欢，而压抑自己的感受，变成让上司觉得容易相处的部下。

反过来，想要被下属喜欢的上司，也会克制自己的任性。从部下的视角看，就是个好相处的上司。

因为想被恋人喜欢，而压抑自己的脾气。想被配偶喜欢，压抑自己的情绪。

虽然说是压抑自己，也并不是说出于为对方着想而这样做，而是因为害怕被对方讨厌而压抑自己。

人感到恐惧，就会把心门关上。

而这种恐惧，以及由恐惧而滋生的不满，会破坏这个人的沟通能力。

一旦没有了沟通能力，努力就很难得到回报。出于为对方着想而做的事情，反而会惹得对方大动肝火。

就这样各种尝试都没有成效，羞怯的人心中就会有怒气。即便如此，他们依然会选择压抑这种愤怒。

愤怒找不到出口，就会转而攻击自己，人就会抑郁。

这就是 Zimbardo 所说的，“羞怯的人容易得抑郁症”，就是这么回事。

愤怒找不到出口，就会转而攻击自己，人就会抑郁。

对努力的自己没有信心

无助的人生

羞怯的人无法寻求帮助。

羞怯的人，往往是从小时候起就只靠自己生存到现在的。无论做什么，都没有人帮他。

自小时候起，能依靠的就只有自己。周围没有可以依赖

从小时候起就只靠自己生存到现在。无论做什么，都没有人帮助。所以，也并不习惯别人帮助自己。

的人。

周围没有一个懂得关怀他的人。他也从不觉得谁会来帮助自己，一直到长大。

所以他们并没有与人合作的习惯，也并不习惯别人帮助自己。

他们也完全不觉得，这是一件令人难受的事。

所以事实上，羞怯的人，是会非常努力生活的人，其实真的可以对自己多一点信心。

“我是个了不起的家伙”，其实是可以有这样的自信的。因为做到了一般人难以做到的事情。

羞怯的人，一旦被表扬，会十分不好意思。

因为他们不觉得自己值得表扬。被表扬的那个形象，与他们心中自己的形象存在偏差。

羞怯的人心中，自己的形象是十分糟糕的。

但其实，这是一种错误的判断。

我想把这称之为“自我价值为零妄想症”，这是自我膨胀的反面。

如果考虑到他们的成长环境，羞怯的人是有充分理由觉得自己很厉害的。在没有任何人帮助的情况下，独立奋战到了现在。

除了他们谁还能做到这一点呢?

根据先前提到的 Gilmartin 的调查(*The Shy-Man Syndrome*),针对"成长过程中是否有人帮助过你们"这一条,"羞怯的大学生"里有 90%、"羞怯的成年人"里有 100% 都回答"没有"。这真是令人感到可怕的数字。

相对地,"自信的大学生"里,59% 的人回答说"有三四个人"。

针对"二十岁以前是否有人给予过你们鼓励或是其他情感上的帮助"这一条,"羞怯的大学生"里只有 8% 做出了肯定答复,而"羞怯的成年人"这一数字是 0%。而"自信的大学生"里,这个比例达到 53%。

还有更令人毛骨悚然的结果。针对"现在有可以信赖的人"这一条,羞怯的人的符合条件的比例为 0%,而"自信的大学生"为 100%。

羞怯的人,就像一个没有辩护律师的被告站在法庭上独自面对审判。

Zimbardo 认为,羞怯的人,就连他们的母亲,也是类似于审判官的存在。

重建自己的形象

羞怯的人之所以会没有自信，是因为他们默认所有的人都是在相同环境下长大的。以此为前提，将别人和自己进行比较，便对自己失去了信心。

每个人的成长环境都是不一样的。

羞怯的人，其实可以将自己的成长环境考虑在内，“在这样的环境下，能做到现在这个程度真是不错了”，应该像这样对自己一路以来的努力认可的。

这确实是一件值得赞赏的事。

羞怯的人需要做的，是改变自己在自己心中的印象。

要改变自己心中觉得自己不值得被赞赏的那个形象。

诚然，这个世界上有的人在感情上很成熟；有的人心理十分健康；有的人实现了自我价值，为社会做出了贡献。

我们可以赞赏这些人。他们确实都是很了不起的人。

但是这些人，在他们小的时候，身边是有可以信赖的人的。他们是在有母性关怀的保护下长大的。用著名的儿童研究者Bowlby的话说，他们长大的过程中，是相信可依恋对象的存在的。

与之相对的，羞怯的人小时候，并没有受到过母性的保护。他们身边并没有母亲或是类似母亲的角色存在。

“你的妈妈在生你的时候有过节食吗？”面对这个问题，“羞怯的大学生”中有44%，“羞怯的成年人”中有47%都回答了“是”，而“自信的大学生”中这个数据为0%。

把自己的孩子变成羞怯的人的那些妈妈，即使在要生小孩的时候，也会因为强烈地希望自己看起来苗条，不愿意为了孩子多吃一点儿。

针对“妈妈会说有关生育的痛苦的话”这一条，“羞怯的大学生”中有12%，“羞怯的成年人”中有16%都回答了“是”，而“自信的大学生”中这个数据为0。

妈妈会对孩子倾诉生育的痛苦，这本身就是一件有点异常的事。

令人遗憾的是，羞怯者的妈妈，她们本身其实并不具有作为母亲应该具有的一些特质。她们会去责怪孩子做得不好的地方，同时从不认可他们的努力。

羞怯的人的周围，只有责怪他们的人。即便如此，他们也并没有因此而转变成反社会型人格。

这已经是值得表扬的了。

从小，他们的成长就伴随着批评的声音，于是就认定了自己是个做什么都不行的人。

这便是“自我价值为零妄想症”。

但他们在认为自己是离了别人什么都做不了的弱者的同时，身边却没有人可以帮助自己。

活在这样的人际环境里，他们会更加执着于自我。正因为无人可以帮忙，便更加认定了只有自己才能帮助自己。

迎合别人，或是做个八面玲珑的人，都并不是他们想要的。但他们会很自然地这样做，会认为理所当然要这样做。

在缺乏母性的保护，没有人可以给予自己帮助的人际环境下成长，人会变得偏执，这就像天上下雨一样自然。

羞怯的人，会意识到自己是一个偏执的令人讨厌的人。但即便如此，其实也可以认为自己值得得到称赞。

一个人的价值并不是仅仅通过他的社会价值来决定。即使并没有什么社会价值，作为人本身具有价值的例子也比比皆是。相反，具有很高的社会价值，但作为人本身并没有什么价值的人也大有人在。

一个人的战争

Zimbardo 指出，羞怯的人会一边希望自己也可以站在聚光灯下，一边又会在灯光真的照在他们身上时逃离。

因为他们其实认为自己是不配站在聚光灯下的。

但是，事实并不是他们想的那样。他们有足够的资格站在聚光灯下，可以拿出自信来，沐浴在灯光下。

一般人自出生以来，需要帮助时总能获取帮助。当然人无完人，他们身边的人能够给予他们的帮助也是有限的。但起码，是可以提供最低限度的帮助的。

一般人并不是孤身奋战。难过的时候，有人可以提供庇护。

但是羞怯的人，身边没有可以庇护他们的人。被周围的人责备时，没有人为他们挺身而出。连他们的母亲，都不会出面庇护。

在这样的人际环境中长大的话，无论是谁，大概都会变成迎合强者的人。因为除此以外别无选择。即使对他们说“不要迎合”也于事无补。

而说这种话的人，都是遇到困难时可以得到帮助的人。

羞怯的人一直以来，都是孤军奋战的。即使被欺负，也没有人帮助他，只有一个人忍耐。

除了成为对周围的人来讲“有用的人”这样的存在，他们没有别的生存之道。

所以向抑郁症发展的人，当他们感到“自己是有用的”的时候，心理上会好受许多，[①] 当认为自己对周围的人有帮助

---

① 大森健一《抑郁症患者与氛围》，饭田真编《狂躁症的精神病理〈3〉》弘文堂，1979 年。

时，他们会感到安心。

在羞怯的人的精神世界里，他们自出生以来就是孤儿。真正的孤儿还有孤儿院，在那里他们可以得到保护。

但心理上的孤儿，从哪里也得不到保护，也没有人帮他们。自然，也没有人教他们该如何生存。

举个例子，羞怯的人的特征里，有一条是“无法表达自己的意见”。这也是很自然的，因为从未有人告诉他们如何表达自己。

至于心理上的原因，我会在别处做说明，此处暂不赘述。

以父母为首，周围的人里没有人告诉他们“这样的时候清楚地把自己的想法说出来比较好哦”。

更不会有人告诉他们“把自己的想法说出来也没关系，谁都不会因此而感到不愉快的”。

他们就是这样长大的。

在现实社会中，听了你的想法，或许有人会感到不愉快，而有人不会。

“不注意礼貌的话会被周围的人讨厌哦”或者是“你这个态度别人会不高兴的”，又或是“什么样的人都有，因为被夸奖了几句就飘飘然的话，将来可是会吃苦头的哦”，就类似这种，他们身边缺少的就是这样教给他们“生存之道”的人。

另外，没有人让他们感受到，自己是有价值的。

“学校的功课要独立思考完成比较好”，或是“只要把能做的事情做好就好，不要逞强，做你自己就好”，没有人对他们说过类似这样的话。

没有人通过教导让他们得以自我肯定。

在能力范围内尽量做好就很棒了，没有人告诉他们这一点。

因此羞怯的人为了保护自己，会去迎合强者。或是需要显示出自己比别人的优越之处；如果比不过别人，就会自暴自弃，放弃努力。

无论哪一种，都不是妥当的生存方式。

尽管他们也想要认真地生活，但总是试图去做自己现有状态下难以达成的事情，就很难有结果。

最后，他们在与社会打交道的过程中也会遇到挫折，导

没有人让他们感受到，自己是有价值的。因此羞怯的人为自保，会去迎合强者。

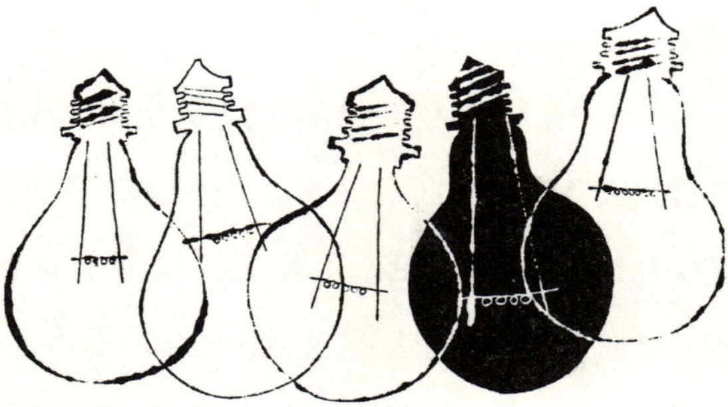

致不满在心底逐渐堆积。

羞怯的人并不能真正理解人际关系，也不知道什么样的事情应该去拜托谁帮忙。

孤独感带来的黑暗

斯坦福大学的心理学者 Levine 做过一个实验。在用光束照射猴子的同时，给予持续性的电流刺激。这种情况下，即使停止送电，猴子只要被光束照到，就会有受惊的反应——血压上升，皮质醇水平升高。

但是如果这个猴子有同伴的话，它对此的反应就会弱化至一半的水平，并且没有出现血压上升的现象。[①]

在 Tellenbach 的著作《忧郁症》[②] 里写道，忧郁亲和型的

---

① Daniel Goleman.Ph.D., and Joel Gurin, *Mind/Body Medicine*, Consumer Union, 1993, p.337. "Feeling supported by others may serve as a buffer that mitigate the output of stress hormones during traumatic situations." Evidence comes from animal studies conducted by psychologist Seymoure Levine at Stanford University.

② Hubertus Tellenbach, *MELANCHOLIE*, Springer-Verlag, 1961. 木村敏译《忧郁症》，美须书房，1978 年。

人血压是偏高的。我想原因之一就是，他们感到没有人会帮助自己。

现在日本高龄者中有许多血压高的人。当然这可能是各种原因导致的，但孤独感是否也是一个较大的原因呢？

在俄亥俄州立医科大学教授免疫学的 Ronald Glaser 和心理学者 Janice Glaser 面向学生做过一个实验调查。[①]

实验中，由于压力的缘故，免疫系统的细胞活动减弱。但医学部的学生因为能够感到朋友和家人的陪伴，比起只身来参加实验的学生，他们免疫系统的变化不大。

羞怯的人虽然也有家人和朋友，但并没有可以帮助自己的家人和朋友。

不光不帮助，甚至可以说这些家人和朋友本身就是他们压力的来源。普通人的家人朋友会帮助他们，而羞怯的人的家人和朋友会欺负他们。

也就是说，对普通人来说，家人朋友可以起到正面的作用，而羞怯的人，他们的家人朋友起到的作用是负面的。

羞怯的人会成为他们的家人和朋友的发泄对象。

光凭这一点，羞怯的人所承受的压力就已经超过普通人了。因此，免疫系统的细胞活性会下降，也更容易生病。

---

① *Mind/Body Medicine*, p.337.

“她不喜欢受人恩惠，因此也从不愿意和别人要东西”[①]。

“大家对她都很亲切，却令她感到更加不自在”[②]。

羞怯的人没有开心地接受别人的好意的时候。

为什么？因为被养大的过程，他们就好像在处处受人恩惠一样。

明明本是个精力充沛的人的……

羞怯的人只体验过利用和被利用的关系。

没有过“互相帮助”的经验。而人和人其实就是在互相帮助的过程中变得亲近的。

羞怯的人，没有在一个人们彼此温暖相待的环境中长大。他们的成长环境中，人们是彼此厌恶的。

如果是在一个人们互相为对方着想的环境里长大，也会很自然地养成那样的习惯，而他们并没有。

羞怯的人无法寻求帮助的另一个原因是，一旦寻求帮助，就会与人形成某种羁绊。

---

① *MELANCHOLIE*《忧郁症》第 251 页。

② 同上，第 253 页。

而他们不愿意。那是因为在他们迄今为止的人生里，一旦与人有所瓜葛，就会受损，由于这种经历太多，使得他们会形成这样的预判。

更重要的是，羞怯的人，他们讨厌人。

羞怯的人说不出“给我做饭吃”这样的话。

他们不懂得如何保护自己，会试图以胜过别人的方式来保护自己。但其实保护自己的方法应该是，把自己的想法传达给别人，与别人做朋友。

吃饭途中，他们也没办法指着桌上的某一个东西说“给我拿一下那个”，那是因为他们讨厌大家。

心理健康的人，也不愿意向不喜欢的人寻求帮助。不会突兀地对别人说“帮我……”。

羞怯的人，无法理解自己即便向对方提出要求，

也会被爱，被喜欢。

“你去复印”“你去打扫房间”“买花”“这一部分我来做”，能以这样的口吻说话的人，一定是与你关系亲密的人。

羞怯的人，无法理解自己即便向对方提出要求，也会被爱，被喜欢。

他们坚信，只有为对方做点什么，满足对方的要求，才能被爱。

事实上，这正是他们小时候的经历告诉他们的。

尽管环境已经发生了变化，但在他们心里，一切都还没有变。

他们没法和人借东西，说不出“借我一下”这句话。

羞怯的人和心理健康的人，他们的成长环境是天差地别的。

有的家长，会养出活泼好动的孩子。相反，另一些家长，会让孩子失去活力。

这二者的差别可就大了。

就像有人是顺水行舟，有人是逆流而上。后者拼死努力，也难以前进。

羞怯的人，就是在激流中逆流而行，拼命努力到现在的人。

他们其实是很厉害的人。

羞怯的人看着那些心理健康的人，会发出“真是精力充沛啊”的感叹，但其实，或许他们自己才是精力更充沛的人。

一边是审判长一样的母亲，一边是具有母性温情的母亲，这两种环境天差地别。对孩童来讲，母亲是最重要的角色，而这两种母亲带来的效应是一正一负的。

羞怯的人一直在被自己的家长剥夺能量，难为他们一直努力生活到成年。

“我做得真不错”，人们都应该这样自豪地对自己说。

普通人的生活中可是不断有人向他们输送能量的。

人的个性是怎样形成的呢?

“成年人的性格，是在他长成之前，在身边重要的人物的互动之中形成的。其中他们所依恋的人在他们的性格形成中起尤其大的作用。一个幸运地出生于一个还不错的家庭，在父母的爱的陪伴下长大的人，是相信有人可以给予他们支持、安慰和保护的，也知道去哪里可以找到这样的人。或者说，他们认为世界就是这样运行的。当遇到困难的时候，他们潜意识里相信会有值得信赖的人向他们伸出援手。”①

被爱着长大的人，当情况令他们感到惶恐不安时，会很自然地找到他们信赖的人，寻求帮助。

---

① John Bowlby, *Attachment and Loss*, p208. 黑田实郎、冈田洋子、吉田恒子译《母子关系理论〈二〉分离不安》岩崎学术出版社、1991 年，第 230 页。

与之相对的，羞怯的人即使遇到这样的情况也无法寻求帮助，而是靠自己生活到现在。

对于这样的自己，其实应该有更多的自信。

每个人都有自己的问题

从难以分离到难以亲近

羞怯的人难以与人变得亲近，[1]而且身边有人在就会感到不舒服。

在这方面的著名研究者 Zimbardo，针对羞怯的人难以与人变得亲近这一点，提出了几个原因——“胆怯，警惕，不信任”。

除此之外，还有“自我评价低”和“试图给别人展现比真实的自己更好的自己”。

另外，最关键的是，他们在成长过程中没有学会与人相处时如何把握主导权。

举个例子，羞怯的人，小时候生病，妈妈没有在身边照顾他。

---

① *Shyness*《羞怯〈1〉腼腆的人》，第 181 页。

因为想被关怀，试图去拉妈妈的袖子时，妈妈没有注意到，去了别的地方。

总的来说就是希望母亲可以陪伴自己时，母亲却不在。

想要和母亲交谈时，没有得到想要的回应。

这样的剧情日复一日地在上演。

用在人格养成方面著作等身、享誉世界的母子关系研究者 Bowlby 博士的话说，他们无法相信“可依恋对象的存在”[①]。

羞怯的人，自小时候起就会被分离所带来的不安所困扰。分离这件事对他们来说，主导权总是牢牢地握在母亲或者是其他人手里。“接近属性与回应属性”[②]，说的是，小孩儿随时可以亲近母亲，当他们这样做时，母亲也给予回应。

而羞怯的人小时候，当靠近他们想要依恋的对象时，常常被剥夺主导权。

无法凭自己的意志去靠近喜欢的人。只有对方愿意，才能离得近一些。

这种状态就称作分离不安。

这种分离不安的状态，便存在于羞怯的人身上。

---

① *Attachment and Loss*，《母子关系理论〈二〉分离不安》，第 35 页。

② 同上，第 242 页。

母亲也好，保姆也好，对于小孩子来说，与依恋对象的亲近是非常重要的事情。而他们在这件事情上完全是被动的。

当自己想要靠近时，就能接近喜欢的人，才能知道自己可以有这样的主导权去满足自己的需求。

遗憾的是，羞怯的人从小就没能体会过这件事。

不想与别人有所关联

羞怯的人不愿意与别人有所关联。

也没有兴趣与别人交谈。

与人说话需要能量。他们需要额外的努力去做“说话”这件事，无法放松地去与人交谈。

他们总是担心自己和人在一起时会有失礼之处，无法享受对话，总是紧张地在听对方说什么。正因如此，与人在一起就令他们格外耗能，时间长了，就觉得筋疲力尽。

参加派对时，他们觉得如果不表现得开心点儿，就是对别人的失礼，所以明明并不觉得享受，也会表现出开心的样子。有人搭话，就硬表现出开心的样子笑着回答对方。

一旦出现沉默，就感到无所适从，就算没什么可说的，也会硬找话题说。一旦感到两人之间将出现沉默，不安和紧张就会袭来。

所以说话对他们来讲是件十分疲惫的事。派对结束时会觉得终于可以松口气了，肩膀不知不觉间都已经僵硬了。

而其他人，是乐于交谈的。并不需要额外的能量来支撑他们说话，甚至正相反，交谈会让他们更加有活力。

我们常常用“沉默寡言”来形容羞怯的人。事实上，这个单词反映出的其实是羞怯的人对别人的厌恶。①

但羞怯的人也并不是生来就寡言少语的。是他们的成长环境令他们变成了这样。

首先，他们身边的人，就是讨厌与人接触的人。他们是在这样的人际环境中长大的。

于是没能学会如何交流，不知道该怎样与人交谈。

这是小时候没能与人良好互动造成的悲剧。

小时候，他们没有机会边吃饭边和人开心地交谈过，是类似这样的悲剧。

虽然身边有人在，但没有感到有意思，就不说话。感觉乐在其中时，人们才会说话。

也就是说，羞怯的人不想说话，说明他们处于一个没有

---

① *Shyness*《羞怯〈1〉腼腆的人》，第38页。

让他们感到快乐的环境里。

不想被别人看出自己的状态，这种紧张感使他们难以表现出健谈。

综上，可以得出羞怯的人“不喜欢人”这一结论。

也就不难理解，为什么羞怯的人在讲别人坏话时，会变得话多了，那是他们难得放松的时刻。

回避快乐的体验

羞怯的人，难以近人，也难以表达自己的想法或是展现自己。

Zimbardo是这样描述这些特性带来的结果的“认识新的人，交新的朋友，去做这些很可能会带来良好体验的事情对他们来讲很难”[1]。

这已经体现了羞怯的人的胆怯、警惕和不信任。

结果是，他们对于与各种各样的人建立起新的人际关系持消极态度，会畏缩，会忧虑。

不会认为认识新的人，结交新的朋友是件好事情——他

---

① *Shyness*，p.12。

们本就讨厌认识新的人。

一定要去认识新的人的话，还不如一个人待着。

当然，无论对谁来说，认识新的人带来的并不总是美好的体验，但是其中也会有不错的时候。

是不是件好事情，不去试着认识，便不会知道。

而羞怯的人从未想要去尝试这种可能性。

羞怯的人，原本也是有机会去经历有趣开心的体验的，但他们无法抓住这样的机会。

比如，偶然的机会，喜欢的人坐在了自己的旁边，却无法搭话。他们本就是压抑自己的人。

是否能抓住机会，是件因人而异的事情。

羞怯的人因为害羞，无法歌唱。

不擅长唱歌，就不去唱歌。

不擅长游泳，就不游泳。

其实游得不好却仍在游泳的人大有人在。

而羞怯的人，因为太在意周遭的目光，而无法去做自己想做的事情。

在这样的过程中，他们会逐渐忘记自己原本想要的是什么。

认为做得不好，就会被大家嘲笑。

认为做得不好，是件丢人的事情。

就这样他们让自己远离了游泳的快乐，歌唱的快乐。

羞怯的人往往比一般人付出了更多的努力。

但他们的努力总是得不到认可。何止不被认可，在他们失败的时候，等着他们的会是来自至亲的责骂。

也正因为如此，他们会害怕再次体验失败带来的痛苦，从而对任何事情都抱着消极的心态。

自小时候起，他们就总是在担心“万一做不好怎么办？”

无论做什么，他们都觉得像是对自己的考验。

那样做的话自己会不会被讨厌呢？

他们自己都觉得自己好麻烦。

他们会担心对方是不是也会觉得自己难以相处。

羞怯的人往往比一般人付出了更多的努力。但他们的努力总是得不到认可。何止不被认可，在他们失败的时候，等着他们的会是责骂。正因为如此，他们会害怕失败。

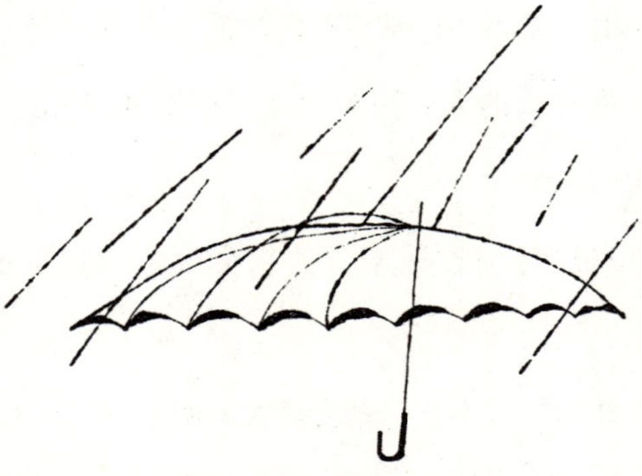

他们会认为对方并不开心自己在旁边，又怕对方察觉自己的不开心，不知怎的就感到抱歉和退缩。

他们越是这样想，就会越在对方面前表现得卑微，然后就会迎合对方，并因为担心自己是否给对方添了麻烦而战战兢兢。

Zimbardo 认为，这种羞怯的特性会使他们难以经历感觉很好的体验。

话说回来，“感觉很好的体验”指的是什么呢?

尽管 Zimbardo 并没有在文中明说，但指的应该是类似一起开心地吃东西，通过会话进行心灵的交流的体验。

如果是大学生的话，可能还包括与研究会的同学一起开心地做研究，加入社团，和小伙伴一起去合宿。

商务人士也好，家庭主妇也好，这方面都是一样的。一起工作，一起旅行，一起聊天。

去爱、去享受、去开怀大笑，是可以感受到自己内在的力量的体验。

为什么羞怯的人很难有这样的体验呢?

那是因为在他们的心底是有恨意存在的。

同时，在他们迄今为止的人生中，他们试图去体验这些时，总是失败，失败带来的挫折感在内心堆积，他们也不愿意再去体验那种苦涩的心情。

“无法去体验”，说的是即使与朋友在一起也开心不起来，同时总是想要逃离的一种状态。

于是他们就这样避开了体验的机会。

其实明明是可以尝试的，但羞怯的人却总会亲手放弃这样的机会。

羞怯的人，从未有人给他们的心加油鼓劲。

“真开心啊”，他们没有这样的回忆。

迫切地渴望被认可

Zimbardo 说过，羞怯的人容易得抑郁症。

抑郁症患者，在他们小的时候，身边就有很讨厌的人。正是因为这些讨厌的人，他们才会得抑郁症。

抑郁症患者的人际关系很奇怪。

在他们的家庭里，他们是丑小鸭一样的存在。

除了他们，家庭里的其他人即使不特意去做心灵的沟通，也还过得去，因为原本就是类似的人。但他们是很希望能交流的。

但其他人会认为，他们讨厌自己的家人。

羞怯的人总会有一些不必要的担心。在别处我将再详细说明，包括“预期焦虑”“期待焦虑”。

比如担心自己会脸红。羞怯的人会希望可以把自己很好的一面展现给别人。而脸红的时候，往往是真正的自己被暴露的时候。

而他们是总是担心自己被人看穿的一群人。并会认为，一旦别人看到了真实的自己，便会讨厌自己的。

自己很想做某件事情，结果没做成，因为挫折感而面红耳赤。他们原本是想隐藏这种挫折感的。

他们也会希望自己可以被了解，但又无法真的对人敞开心扉。

这都是他们的成长环境导致的。

“真讨厌，要是这个孩子没有出生就好了。”

他们是听着这样的话长大的。在他们的成长过程中，并没有人关心他们。

考虑到这些，担心自己“一旦被了解就会被讨厌”似乎也是理所当然了。

希望被认可，但是没有人认可他们。所以羞怯的人就更不愿意展现自己。

羞怯的人，其实也是想要展现自己，想要得到认可的。

他们的内心就常处于这样的矛盾纠结之中。

因为想被认可，反倒要压抑自己展现真实自我的欲望。

为了被认可，更要把真实的自我隐藏起来。

可能招致失败的事，就还是避开比较好。这样一来，羞怯的人的世界，就变得格外狭小。

但尽管这样做了，还是得不到想要的认可。

为了不得抑郁症，羞怯的人首先要做的，是放弃对家人的执念。

因为他们把家人作为自己心理依存的对象，才会如此执念于家人。

想要实现自立，就必须舍弃这种执着。

没有依恋对象的不安

“胆怯、警惕、不信任”，这意味着仅仅是日常生活，他们也会有很强的心理负担。

羞怯的人无法真正发挥自己的能力。

只有在放松状态下，做自己想做的事情时，才能马力全开。

更何况，处于“胆怯、警惕、不信任”的状态，与人交往也很难愉快。

人们与某个人一起去看电影，觉得很开心，于是还想再找他一起去看，人际关系就是在这样的相互作用中建立起来的。

因为害怕受伤害，就会不敢与人打交道，最终就会变成孤零零一个人。

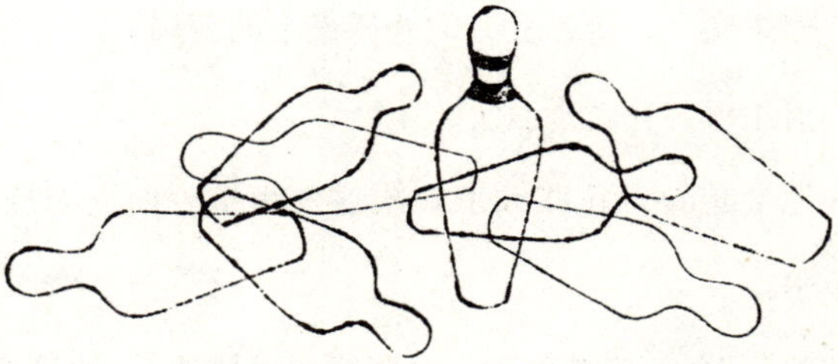

羞怯的人很难建立起稳定长久的关系。

他们会避开有可能让自己受伤的情况。因为害怕受伤害，就会不敢与人打交道，最终就会变成孤零零一个人。

他们的眼睛总是注视着自己的缺点。

而男女关系上的交往，更会引起他们强烈的危机感。[①]

这使他们会赶紧抽身而退，并再次降低对自己的评价。

尽管他们想要靠近，但靠近太可怕了，又无法稀里糊涂地做决定。

会被骗子盯上的，往往就是那些像羞怯的人一样只想着如何保护自己的人。

这是有实例的。

---

① *Shyness*，《羞怯〈1〉腼腆的人》，第 165 页。

高三的女生说“我怀孕了”，而这位男大学生是个羞怯的人，只想着如何保全自己。他不知如何是好。

但事实上，这是女方的妈妈设下的骗局。

男生很容易就上当了。

他会想着，花些钱来解决这件事情。而女方压根儿就没有怀孕。

“真是个无趣的男人，拿到钱就甩掉他。”她是这样想的。

明明是没有的事儿，却令羞怯的人感到十分为难。

在他不知如何是好的时候，就容易被利用。

这个大学生，他没有可以信赖的朋友。如果有的话，或许应对方式会有所不同。

“有可以信赖的伙伴的话，对所出现事态的恐惧感会降低。相对地，如果是一个人的话，恐惧感会增大。”[1]

是否认为有人可以依靠，使每个人心中的不安和恐惧的程度会有很大差异。

而羞怯的人，他们身边没有这样可以依恋的人。上文的那个大学生，就没有可以信赖的朋友，他的母亲也是个可怕的角色。如果告诉母亲，她只会大发雷霆，提供不了任何帮助。

---

① *Attachment and Loss*，《母子关系理论〈二〉分离不安》，第 222 页。

自小时起，每次有什么事情，都只是被发脾气，没任何人真正地帮助过自己。也是因为这样，羞怯的人才会更加执着于自我。

“总会有办法的吧”他们没有这样的安心感。总是不安，总是害怕。

Bowlby认为，“对恐惧的敏感性”取决于身边是否有可依恋的对象，具体指的是，感到事情令人害怕的程度。

如果人们认为遇到困难时会有人帮助自己，便会乐于挑战。

而认为“人是可怕的，不愿意靠近别人，不愿意认识别人”的羞怯的人，他们自小就不相信可依恋对象的存在。

而他们对人的不信任，也正来源于这里。

有困难也好，没困难也好，他们总是一个人，总是靠自己。所以他们才胆怯，所以才警惕。

我们用“胆怯、警惕、不信任”来描述羞怯的人，而考虑到他们的成长环境，具有这些特质几乎是理所当然的。

与人见面时，怀着“这个人对我不满意”和“这是可以在我遇到困难时帮助我的人”这两种想法，所消耗的能量是完全不同的。

害怕别人评价自己

世上有一些人，很难好好地与人打招呼。

“人很可怕，不想靠近人”一旦产生了这种极端的想法，打招呼也会变成苦差事。

事实上，无法放心地去与人接近的原因是，自己认为自己是一个令人讨厌的人。

难以拉近自己与人之间的距离的首要原因就是，自我评价很低。

在自己心中，自己是一个不讨喜的存在。

为什么会对自己有这样的印象呢？因为父母就不喜欢人，连自己的孩子也不喜欢。

而小孩子因为感受到了自己不被喜爱，才会去迎合别人，在迎合的过程中放弃了自我。

没有强大的内心，就更会感到人的可怕，难以与人亲近，也会更倾向于迎合别人。

这就形成了一个恶性循环。

单方面地不断去迎合他人，但反倒会招致对方的厌恶。

人们感到孤独时，就是会这样。

人的内心与行动有时会形成一个良性循环，有时会是恶性循环。

这也正是澳大利亚的精神科医生 Beran Wolfe 所说的，幸福与不幸都是呈复利增长的。

一旦开始变得不幸，就好像走下坡路一样越来越不幸。

“人好可怕”，有的人或许会觉得这样想太奇怪了，但其实并不是这样。

当身体上受到伤害时，谁都会觉得怕人是很正常的现象。

其实心理上受到伤害也是一样的，会让人觉得靠近他人是件可怕的事。

令羞怯的人感到“人好可怕”的原因有两点。

一是，不知道如何与人相处。

二是，害怕别人评价自己。

害怕比自己更有力量的人评价自己——他们一直以来收到的评价都很低。

而低评价常会成为他们被责骂的原因，因此觉得人可怕。

如果仅仅是被评价，不会被骂，真实的自己可以被接受，可以维持一个愉快的人际关系的话，那也不错。

可是评价之后，随之而来的常常是批判的声音。

所以羞怯的人会认为与人打交道是令人疲惫的事情。

羞怯的人小时候的任务，似乎就是取悦他们专制的父母。

而想让专制的父母满意，就必须听话。

他们总是以顺从的姿态迎合父母，结果就是常常委屈自己，也没有别人可以依靠。

他们长期过着这样的生活，很自然地，心里就会藏着一些不愿意被别人知道的事情。这使得他们在与人见面时会感到紧张。

专制的父母，对孩子来讲是拥有压倒性力量的一种存在。

而具有这样压倒性力量的人，他们自己也常在苛责自己。专制的父母，其实他们自己也并没有真正接受真实的自己。

了解了这些，是不是你也觉得羞怯的人怀有“人好可怕”这样的想法，也没什么可奇怪的呢?

想要的，是“温暖的放任”

羞怯的人，总是处于一个顺从的“被告”的角色。

他们大体上认为，自己之于对方，是一个不被需要的存在。

他们会觉得，如果不对对方有所贡献，那自己对于对方就是没有意义的。

人们只有明确感到自己是被喜爱的，与他人在一起时才会感到安心。

如果无法确定对方喜欢自己，与对方在一起时就无法羞怯的人觉得，人好讨厌啊。所以与人在一起时无法放松。自己讨厌别人，就会想当然地认为别人也讨厌自己。

放松。

如果总是在想着“他和我在一起是否开心呢”这样的问题，与人相处自然会变成一件不那么舒适的事情。

自己讨厌别人，就会想当然地认为别人也讨厌自己。

因为自己和别人在一起时感到拘束，就会认为对方与自己在一起也感到拘束。

所以羞怯的人很难拉近和别人的距离。

而普通的人却可以很自然地做到。

而且，因为与人相处会让羞怯的人感到拘束，他们也并不希望别人主动来接近自己。

尽管不希望别人接近自己，他们却也会感到孤独。

尽管想和人保持距离，但他们又希望别人不对自己丧失兴趣。

被无视当然是令人讨厌的，但他们也不想被排挤。

尽管不希望和人靠得太近，但还是希望别人把自己当成伙伴。

他们想要的，是“温暖的放任”。

从某本杂志上看到过一篇和抑郁症患者的访谈，题目便是“温暖的放任”。

这正是羞怯的人，在人际关系中所渴望的。

我们和父母在一起时，父母是像空气一般自然地存在，“温暖的放任”指的就是类似这种感觉，但正因为是父母，倒不会想到特意去这样形容。

一位具有母性本能的母亲会很自然地这样做。

在很关心自己的孩子的同时，会让他自在地待着。

这种“温暖的放任”是养育的基础。

不过，孩子小的时候，母亲会这样对他们。等孩子上了中学，就做不到了。

对于小孩子，只要愿意，就可以做到“温暖的放任”。

作为这种“温暖的放任”的接收方，需要满足的条件恰恰是不具有力量。

那么，为什么抑郁症患者会觉得“温暖的放任”是最好的呢？

他们之所以这样说，是基于他们对人际关系的不信任。

即使成了成年人，还希望被这样对待，正是因为他们内心深处总是在动摇。

简而言之就是“讨厌别人干涉自己，但没人管，又会觉得不安”。

一位老人写道：“一个人生活寂寞，两个人生活麻烦。”

而“温暖的放任”就是虽然是两个人生活，但省心又不麻烦。

举个例子，一位男性去见他女朋友以外的女性。女友对此没有什么意见。但如果这位男性真的与那个女人出现了纠纷，女友又愿意关注和帮助解决问题。

这就是他们想要的“温暖的放任”。

如果女人能够做到这一点，男人就可以既不担心自己被抛弃，又能享受自由。

既能被守护，又可以任性妄为。

简单地说，“温暖的放任”就是“让我既省心又自在”。可以做一个不用承担任何责任的小孩子。

更直接地说，寻求“温暖的放任”的人，他们实际想要的，是一个类似母亲一样的存在。

那些在抑郁症边缘的人，并没有体会过那样的母爱，当他们长成了大人，却仍渴求那样的一种感情。

这种“温暖的放任”，如果是在父母与子女的关系里，倒不能说自私。

但是，如果在与别人的关系里，也想要被这样对待，那就是自私了。

一个人的话会觉得不安，所以要两个人。但变成了两个人，仍希望一切能像自己一个人时一样，不做任何改变。

希望别人在行为上放任自己，而心里又关怀着自己。

羞怯的人与别人在一起时会觉得不舒服。并会希望别人能为此做出努力让自己舒坦些。

总的来说，抑郁症患者也好，有抑郁倾向的人也好，羞怯的人也好，他们孩童时期的需求都没有得到满足。他们没有真正体会过母爱。

与人在一起时感到难受

虽然说难以亲近人，和与人在一起时感到难受，听起来是差不多的概念，但到目前为止我们更多的是在从羞怯的人的心理出发，探讨了他们为什么难以亲近人。

接下来我们会把重点放在他们与人在一起时感到难受这

一点上。

羞怯的人，与人在一起时感到难受几乎是必然的。

因为感到不安，想通过躲避他人来自我保护的人，当然会觉得与人相处难受。

感到难受的原因，首先在于，明明自己不喜欢对方，却希望对方喜欢自己。

其次在于，羞怯的人总是在别人面前隐藏真正的自己。

他们感到自己并不是对方所期待的那样的人，认为自己对于对方没有什么价值，于是担心自己会被厌弃。

前面也说了很多次，他们在成长过程中，总是被周围的人讨厌的。

其实那些人倒也不是讨厌他们，而是他们周围的人原本，就是一帮不喜人的家伙。

即使这些人勉强自己对他们表现出疼爱，也并不是能让人放松的环境。

《韦氏词典》中把害羞定义为“与他人在一起感到不舒服”[1]。

与人在一起时感到难受的第三点原因，就是对自己的不自信。

神经衰弱的人，内心是有阴暗之处的。

---

① *Shyness*《羞怯〈1〉腼腆的人》，第8页。

就是因为要隐藏内心的阴暗之处，和人相处
才会变得辛苦，才会变得不喜与人打交道。

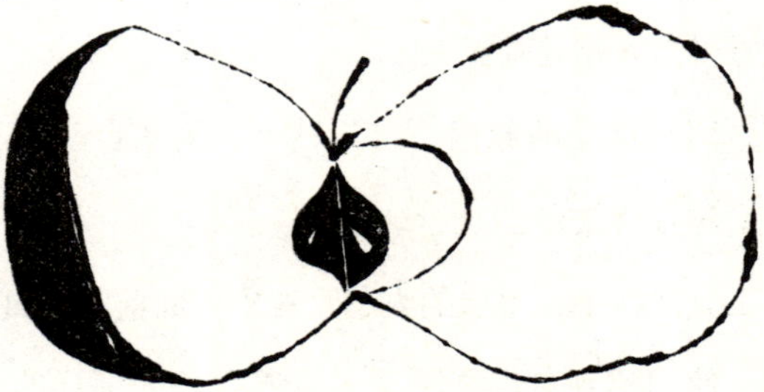

就是因为要隐藏这些，和人相处才会变得辛苦，才会变得不喜与人打交道。

羞怯的人，与异性相处感到很不自在。[1]

羞怯的男性，与女性相处感到不舒服的原因是，他们作为男性缺乏自信心。

因为不知道说些什么好，所以对话总是停滞。

与语言不通的外国人在一起时，我们也会感到不自在，那是因为无法很好地沟通。

同样地，之所以与异性在一起时感到难受，也是因为无法实现沟通。

---

① *Shyness*《羞怯〈1〉腼腆的人》，第 52~58 页。

80% 的羞怯的人打不起劲头去说话。[1]

他们开不了口。

当觉得自己达不到对方的期待时，在一起也是一件令人难受的事。

举个日常生活的小例子。

比如，修理电器的人来到了一户人家里修理 DVD 播放器。但是，他没能修好。

那这个修理工会感觉怎么样呢？

女主人原本是期待他能把 DVD 修好的。

而他却没能做到。

他就会感到很丢脸，于是会再也不想来这户人家了，再也不想再与这位太太碰面了。

但是，由于职业使然，他还是不得不再来。

再来时，女主人会说“这次一定要给我们修好啊”，还会在旁边看着。

修理工会感到紧张，手也不稳了。

他与这位太太在一起时浑身不舒服。

金鱼被期待它可以教蝌蚪游泳。

---

① *Shyness*《羞怯〈1〉腼腆的人》，第 24 页。

但是金鱼没做到。

金鱼就会觉得，它作为一条鱼的价值下降了。

没有脸面再见蝌蚪，觉得丢脸。

金鱼与蝌蚪在一起时就会感到很不自在。

为什么与人在一起时会感到难受呢？

第四点原因就是，羞怯的人与人在一起时，总希望可以呈现出一个完美的自己。

会有这样的错觉，认为对方期待一个完美的人。

正因为这样，才会像之前的第二点所说的那样，试图把真正的自己隐藏起来。

出于虚荣心而去隐藏自己。虚荣的人，会试图在对方脑海里植入一个与真正的他们完全不同的形象。

但实际上，一般人并不会去期待对方是个完美的人。

事实上，这也反映出了他们自己也会期待别人的完美。

自己会期待对方是一个理想的恋人。在这种思维的影响下，才会去错误地认为对方对自己也抱有同样的期待，才会自顾自地把自己觉得不太理想的部分隐藏起来。

母亲在养育子女上出现了问题，就会觉得将被千夫所指。

但其实谁都有自己的问题。

许多人会有错觉，觉得仅仅是自己有问题，因此想要把它藏起来。

明明其他人也是和自己差不多的。

许多人会有错觉，觉得仅仅是自己有问题，因此想要把它藏起来。明明其他人也是和自己差不多的。

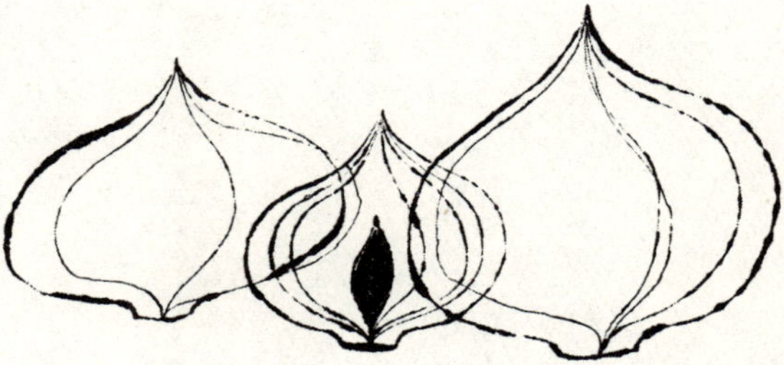

Chapter 2

“羞怯的人”的深层心理

自我苛责

无法向对方说出自己的不满

当人们对对方的言辞或是态度感到不满时，其实把自己的感受告诉对方，事情常常就可以得到解决。

但是羞怯的人，无法将自己的不满表现出来。因为他们

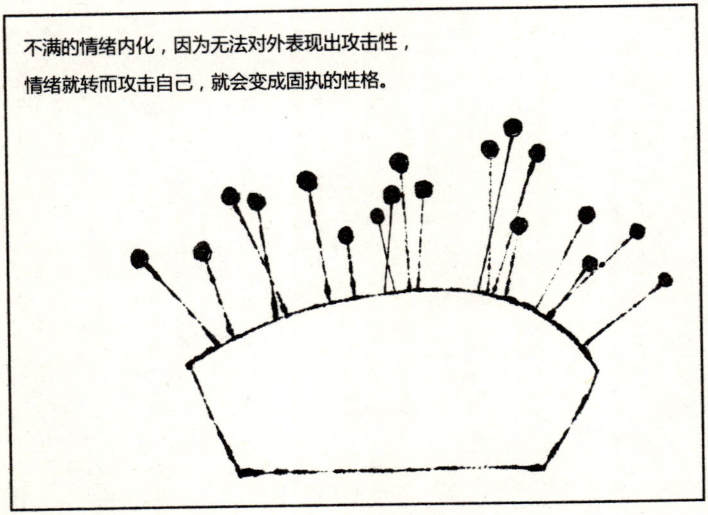

对与人之间的关系没有信心，认为一旦自己表现出了不满，就会使这段关系走向终结。

另外，他们也并不知道应该如何去表达。这使得这种不满的情绪内化，因为无法对外表现出攻击性，情绪就转而攻击自己，就会变成固执的性格。

因为不忿的情绪始终堆积在心底，便无法与人打成一片。也就不难理解为什么羞怯的人总是把自己关在屋子里了。

他们不知道该怎么做。

存在着“不当的批评家”的家庭

Zimbardo 认为，羞怯的人是对自己最不当的批评家。

但其实他们的父母，才是更加过分的批评家。

在从前，他们在家里，总是被责骂、被批评。

他们的父母，也是心底存在伤痛的人，而对孩子的责骂可以使他们感到好受一些。为了帮助自己的伤口痊愈，这些家长不断地指责自己的孩子。

就像这样，羞怯的人从小就要忍受着非难，没有人对他们说“这样做就好啦”这样温柔的话。

因此，虽然羞怯的人会被认为他们对于自己过分苛责，但实际上，他们是自小就与真正不当的批评家一起长大。

我们说，母性的保护是人生的起点。而羞怯的人并没有享受过这种关爱。

根据我们在第一章介绍过的社会学教授 Gilmartin 的调查,[1]“羞怯的大学生”的母亲与“自信的大学生”的母亲之间存在许多明显的不同。

“羞怯的大学生”的母亲烦躁易怒，难以亲近，容易陷入忧郁的状态。

“母亲总是嚷嚷着想去死”，针对这一条，“羞怯的大学生”的母亲中有 30% 符合描述，“羞怯的成年人”的母亲中有 38% 符合，与之相对，“自信的大学生”的母亲中仅有 3% 符合。

“常处于一触即发的状态，很容易发火”针对这一条，“羞怯的大学生”的母亲中有 47% 符合描述，“羞怯的成年人”的母亲中有 53%，而在“自信的大学生”的母亲中，这一比例为 20%。

母亲乱发脾气的比例，在“自信的大学生”的母亲中为 0%。而“羞怯的大学生”的母亲，这一比例达到 45%。

---

① *The Shy-Man Syndrome*, Madison's books.

其中有的母亲会持续几个小时地发火，还有的每天都会发脾气。

羞怯的人在形容他们的母亲时常用的描述有“与人相处时总是故意激怒别人”“盛气凌人”“难以取悦”等。

我们可以试着想象一下这样的家庭，这是怎样一种糟糕透顶的家庭啊。在这种家庭环境下成长的孩子，心理不可能不出现问题。

这样的母亲，是在冲着自己的孩子释放负面的情绪。是在向自己的孩子耍赖撒娇。正向 Bowlby 说的那样，这是“母子角色颠倒”。

在这位母亲的心底，有许多没有得到满足的欲求。在她小的时候，没能张口说出的那些愿望，没能表达的那些愤怒，席卷心底。

这种怨气就这样发泄到了她的孩子身上，因为她对其他人不敢这样做。

实际上，本该是家长去实现孩子的愿望，面对撒娇的孩子，去满足他们的诉求。

而这里却完全颠倒了。

羞怯的父母会养出羞怯的孩子。

针对“父亲总是在发怒”这一条，“羞怯的大学生”的父亲中有 35% 符合描述，“羞怯的成年人”的父亲中有 45%，“自信的大学生”的父亲中，这一比例为14%。

羞怯的人，他们的父母就是这样的人。这是与他们离得最近的人。

早上起来，迎接他们的，就是这样总是怒气冲冲的人，每一天都如此。

如果一个人与盛气凌人、难以取悦的人每天朝夕相处，那这个人又会变成什么样呢?

而且这个人不是朋友，而是父母，何况孩子还处于经济上无法自立的年龄。

在这样的人际环境下，孩子会长成一个幽默的人吗? 会成为开朗爱笑的人吗? 会成为受人喜爱的人吗? 会成为令人信赖的人吗?

“我的母亲善于忍耐”，针对这一条，“羞怯的大学生”的母亲中只有15%符合描述，而在“自信的大学生”的母亲中，这一比例达到54%。

如果母亲恰好是更年期，那就更可怕了。

“母亲常年受更年期折磨”，针对这一条，“羞怯的大学生”的母亲中有23%符合描述，“羞怯的成年人”的母亲中有29%，而在“自信的大学生”的母亲中，这一数字为0%。

无论从哪组数据看，“羞怯的大学生”和“自信的大学生”父母的差异都十分显著。

显而易见，羞怯的人之所以成为羞怯的人，与他们的父母有很大的关系。

总是在看父母脸色的孩子们

由于自己的一句话，父母爆发大战，屋子里东西飞来飞去。

吃饭过程中，由于一句话的缘故，父母直接掀了桌子。

想到他们是在这样的环境下长大，是不是可以更能理解一些羞怯的人的心理呢？

不会胆怯吗？不会总需要看父母的脸色吗？根本没有可以放松的时候啊。

听到这样的话，在优渥的家庭环境下长大的人，或许会说“可以把自己的不满告诉父母啊”“可以与父母战斗”。

甚至有人会说：“为什么不说呢？”

我们需要认识到的一件事是，自他们出生以来，他们所处的环境就一直是这样了，不可能说得出口的。

羞怯的人变得沉默寡言，是再自然不过的事情。自责，也是很自然的事情。

他们自小时候起，常常会因为自己的一句话而引发可怕的事态，有了这样的经历，就很难与人开心地对话。

对于他们而言，父母曾是最不当的批评家，正因如此，吸收了这些的他们长大之后，就变成了自己的批评家。

换言之，如果从小父母没有那样责骂过他们，他们也不会在长大后如此苛责自己。

他们并不是生来如此的，他们被动地承受了这样一个角色。

在社会上，即使有人批评你，也只是一时的事情。那个人并不一直与你同在。在公司里挨了说，下了班就可以与说你的人分道扬镳了。

但他们自己总是与自己同在的，所以批判的声音也会一直存在。

有人觉得自己个子太高了，过去被说过“真难看”。

其实并没有太高啊，为什么会有这样的声音呢？那是因为有其他的不满，对自己一直都不曾满意过。

这些不满的情绪堆积已久，只是借“个子太高了”这个缺口发泄出来而已。

对自己并没什么意见的人，个子高一些，矮一些，也不会有什么特别的感觉。

自责，是无法表达自己的结果。

如果能够表达意见，就可以直接说：“为什么我……”也就不会陷入自责的旋涡了。

想要完美地做成一件事。但是做不到。然后责
怪自己，最后叹息自己的无能。

想要完美地做成一件事，想要被众人所认可。但是，做不到。然后就责怪自己，最后叹息自己的无能。

心理上的“断奶”

自我惩罚，是消除无用感和屈辱感带来的痛苦的最容易辩解的方式。[①]

没有能量，就会难以与生活对抗了吧。

---

① Rollo May，*Man's Search for Himself*，小野泰博译《寻找丢失的自己》诚信书房，1970 年，第 101 页。

他们一边心怀对人的厌恶，一边又觉得自己在给人添麻烦而感到难为情。

“自我惩罚，是可以避免被别人惩罚的方法。”

听起来是那么回事。但事实上他们小时候，常常不得不面临惩罚。

关于身体上受到虐待这一种情况，我们将“羞怯的大学生”和“自信的大学生”做一下比较。

“被用拴狗的链子虐待”，“自信的大学生”中无人体会过这种经验，而在“羞怯的大学生”中有 19% 的比例。

“被用晾衣架虐待”，“自信的大学生”中有这个经验的依然为 0%，而在“羞怯的大学生”中有 12% 的比例。

当然，体罚不一定要用到这些东西。从最后一次接受体罚的年龄来看，“自信的大学生”有 11 岁、16 岁，“羞怯的大学生”为 17 岁、20 岁。

被身边的大人这样对待，表达自己的意见，或是表现自己，就成为了不可能的事。让他们不要觉得是自己的错反倒是勉强他们了。

就像在哈佛等大学的客座教授 Rollo May 所说的那样，认为自己罪有应得的这样一种价值观，有其卑怯之处，但他们除了这样想，还能做些什么呢？

他们必须要从父母身侧彻底脱离，进行心理上的“断奶”。

对自己的低评价

比“真实的自己”过高的基准

为什么会对自己的评价低呢?

那是因为给自己设定了过高的评价基准。

那么又是为什么会给自己设定过高的基准呢?

是因为看不起别人。正因如此，更无法降低对自己的要求。

给自己设定过高的评价基准的原因有如下三点:

(1) 小的时候，身边重要的人给自己定下了过高的基准。这种基准在成长中内化了。而那个人，也是自己心理上依赖的人。

父母从未接受过“真实的自己”。因此，羞怯的人会感到周围的人是不会接受真实的自己的。

(2) 给自己设定过高的基准所带来的后果是很低的自我评价。而低自我评价又会促使人想要改善这种局面，结果又会去设定更高的目标，这就形成了一个恶性循环。

(3) 另外重要的一点是，没能在生活中得到自我实现。因为没有自我实现的经验，因此对于“真实的自己”并没有实感，便会去盲目地追求高基准。

比起“真实的自己”，更多的情况下是自己心中愿望的外化。他们会把心中这种理想的自己错当成实际的自己。而这种外化了的心中希望的自己反倒更有实感。

如果能得到自我实现，就能体会到真切的满足感。从生活中得到满足感，也就不会去设定过高的基准。

不确定自己“被喜欢”

如前章所述，羞怯的人难以与人亲近，与人在一起会让他们感到不自在。

显而易见，羞怯的人很难和人打成一片。

山里住着一个人，这时有客来访。

如果自己喜欢对方，也认为对方也喜欢自己的话，就不会做过度的接待。

而羞怯的人，他们何止不确定对方喜欢自己，他们会认为如果对方真正了解了自己，便会讨厌自己。

如果喜欢山中的森林，在森林里什么也不做就会感到快乐，那么，一杯清水的招待就足够了。

邀请喜欢游艇的人来游艇上游玩，就不需要再花力气招待。这些都是一个道理。

自己不喜欢这片森林，就会过度热情地招待来访的客人。因为森林的环境无法让对方满足，就会出于抱歉的心态使劲儿地招待对方。

“一定得让对方感到愉快不可”，有这样的想法，其实反倒是因为自己不喜欢对方。

同时，也觉得对方恐怕也不怎么中意自己，于是就会以言语逢迎。

小的时候，如果他们不特意讨父母欢心，就会被拒之门外。所以也会不停地迎合父母。

人们因为对对方是喜欢自己的这件事有信心，才会对两人之间的关系有信心，就不必特意花心思，可以与对方愉快相处。

也正是因为有这样的确信，才敢畅所欲言，说出自己心中的真实想法。

“如果这样说的话会被讨厌”，一旦有了这样的想法，就无法畅所欲言了。

对对方是喜欢自己的这件事有信心，才会对两人之间的关系有信心。有这样的确信，才敢畅所欲言，说出自己心中的真实想法。

即使是恋爱也一样。有了这样的确信，就不会嫉妒，不会闹别扭，不会愤恨。

越是确信对方喜欢自己，就越不会嫉妒；越是不确定，就越会嫉妒。

确信的话，即使对方在自己面前赞扬其他的异性，也不会觉得不安。

而且，如果心中相信对自己来讲重要的人是喜欢自己的，那么与别人在一起时就可以更加放松。

因为重要的人喜欢自己，所以其他的人讨厌自己，也没有那么可怕了。

一般来说，能给予这样的安心感的人是父母，更确切地说，是养育者。

小孩子就是在拥有这样的安心感的基础上走向外面的世界的，也正因为有这样的安心感，才能不管怎样都会设法与这个世界相处。

而有这样的安心感的人，也会把这种感觉传递给周围的人，所以他们周围会聚集很多人。

而有的人，会让我们感到他们总是不安定，那是因为他们心里矛盾重重。这种状态也会让周围的人感知，感到和这样的人相处并不安心。

如果不是出于利益关系，人们不愿意靠近这样的人。

羞怯的人，他们不被自己觉得重要的人所认可。

羞怯的人，他们没有获得最初的那种安心感。

矛盾心理

活在严酷的人际关系里

羞怯的人温顺的外表下藏着敌意。

他们被心中的矛盾所苦，既胆怯又要伪装优越。

他们想要比别人更优秀，但却在与人相处时有劣等感。

他们就是这样对优劣敏感而计较，因为他们的人生里优劣便是评价基准。

在他们成长的过程里，善良、为他人着想这样的品质从不是评价基准。

不仅如此，他们时而还会听到“你怎么这么差劲啊”之类的评论。

无论取得多么大的社会意义上的成功，偷奸耍滑之人是不该被认可的，但是他们的成长过程中并没有这样的概念。

周围也不会有人说“那人真令人讨厌”。比起优秀但冷漠的人，他们愿意与没那么优秀但温柔良善的人恋爱的，然而他们也并不认识。

羞怯的人就是在这样一种人际环境里长大的。

而他们长大以后，只要是成功之人，即便品性阴险，他们也会尊敬这些人，会把卑鄙之人当作了不起的人来对待。

他们面对这样的人时会有劣等感，会对这样的人卑躬屈膝。

尊敬不该尊敬的人，而不尊敬真正值得尊敬之人。这种在人际关系上的错误，会导致形成错误的人生观。

比起说羞怯的人无法寻求帮助，更真实的情况是他们的人际环境里并没有那些可以在他们遇到困难时伸出援手之人。

羞怯的人的人际关系是十分残酷的。

他们周围，常常是那些或许说得上优秀，但却能满不在乎地利用别人的人。

再加上羞怯的人自我评价低，于是通常会被这些所谓优秀的人耍得团团转。

扑火的飞蛾

尽管这样羞怯的人还在努力地生活着。他们真应该对自己更有自信的。

“我在这样严酷的人际关系里，能存活到现在，已经很厉害了”，他们要这样对自己说。

仔细回忆的话，他们应该会想起不少艰难的情形、差点撑不过来的回忆吧。所以，理应鼓励自己“做得不错”的。

如果能看清这些，就可以放松了，就可以安心了。

羞怯的人之所以过得煎熬，是因为他们并没有真正看清别人和自己，所以才会那么辛苦。

羞怯的人对于真实的自己，其实有许多并不清楚的事情。他们如果注意观察，也会发现，周围过得不如意的人比比皆是。

羞怯的人所尊敬的那些人，有许多人压根儿不值得尊敬。

而是因为羞怯的人认为自己差劲，劣等感作祟，才会有这样的错觉。

也正因如此，他们会去尊敬那些在社会意义上取得成功的人，即便那个人是懦弱冷漠之人，只要优秀，就会尊敬。

这就是所谓的劣等感。

现在，如果正在读着这本书的你认为自己是一个羞怯的人，那么，你真的没有必要再战战兢兢地对待那些你平时会这样面对的人。

你也没有必要，去寻求这些人的认同。

就算他们不认同你，你的人生又会受到多大的影响呢？

努力去寻求冷漠待你的人的认同，这努力本身就是错的。

现在，如果羞怯的你感到受折磨，那么就请离开你一直以来想要从他那里获得认同的人。

你本身并不是心地不好的人，但周围如果总是盘算着利用别人的人的话，你自己也会受到影响。

如果尊敬着那些利用别人的人，不知不觉间你也会离一个正直的人越来越远的。

如果羞怯的你感受到折磨，那么就请离开你一直以来想要从他那里获得认同的人。

“心怀叵测之人，最容易发现弱小的猎物。”世间有这样一种说法。实际上另一种情况是，弱小者会主动靠近这样的人。

原本羞怯的人是难以与人亲近的，为什么会有这样的情况发生呢？

是因为自己信不过自己。

如果不得到些人的认同，好像就会不安，因此会主动靠近。

简直就是完美诠释了“飞蛾扑火”。

羞怯的人确实难以与人亲近，但他们内心深处，也是有与人靠近的渴求的。

而奸猾之人，往往表面上十分亲切，会吸引羞怯的人去靠近他。

羞怯的人没有可以亲近的人，是很寂寞的。所以在内心深处他们是希望能有这样一个人的。

他们是因为害怕被拒绝才选择了一个人独处。

羞怯的人对自己缺乏信心，因此心底才总是想，要是有人可以依靠就好了。

因此，想要摆脱扑火的飞蛾一般的命运，需要做的是独处的训练。

深藏心底的自负

羞怯的人，一方面对自己失望，一方面又自负。他们的自我评价是不稳定的。

一位男性从具有上述特征的这样一位女性手里收到了一封信。

“有一天我会给你打电话的，我害怕我的骄傲受到伤害。”

其实如果这位女性直接打电话过去，被拒绝了，说不定是件好事。这样起码她可以知道自己在对方心中的位置。可以更了解自己的状态，也可以更清楚谁才是适合自己的人。

羞怯的人，虽然对人总会受挫折的这件事情是有概念的，可是实际上却无法接受挫折。这种拒绝体验挫折的状态其实是很悲哀的。

因为他们在内心深处是自负的，所以就更焦灼，觉得自己原本可以做得更好。

“不这样就不行”，既是任性，也是骄傲。

他们因为内心骄傲，所以对自己的所作所为并不满意，总是觉得不甘心，便会由着自己的性子来。

因为自负，所以有升职的机会时就无法断念。他们要求自己必须做到，同时内心又有一种觉得自己按理应该能做到的骄傲，这样就会变得异常焦灼。

觉得自己必须做到，内心又有一种觉得自己
按理应该能做到的骄傲，就会变得异常焦灼。

羞怯的人，他们正是通过对荣誉的追求来缓解内心的矛盾，这容易变成他们感到挫败的原因。另外，自负也使他们可以承受挫折。一边对自己失望，一边又给自己找借口。

所谓自负，是一种与现实脱轨的自命不凡，就像活在纳西瑟斯的世界。

一个自恋的男人会认为“我是个有魅力的男人”，然而并不代表其他人也这么想。

而这种自负与现实发生碰撞时，就容易产生劣等感。

但受到伤害，并不代表着自负就会完全消失。

一边怀着劣等感，一边在心中某处又藏着自负，这正是让他们吃苦头的地方。

当“真实的自我”被完全接纳时，劣等感也好，自负也好，就全都会消失。

比谁都渴望被爱

虽然贫穷，却装作有钱人。

并没有什么学历，却装出高学历的样子。

“其实我只读到中学”，有勇气对喜欢的人说出这句话的

一方面会怀疑自己不值得被爱，另一方面，想要得到爱的心情比谁都强烈。

人，会被不错的人喜欢。能说出这句话，那就是爱了。

羞怯的人对自己的评价上下波动剧烈。稍微被夸奖，就容易得意忘形；而一旦被贬低，就会陷入消沉。

他们一方面会不信任自己值得被爱，另一方面，想要得到爱的心情比谁都强烈。

他们通常会认为，很棒的人不会把自己当回事；但心中某处，又觉得不喜欢自己的人都是愚蠢的人。

他们觉得没有人爱自己的感觉是真的；同时也会觉得自己最好，谁都喜欢自己的感觉也是真的。

这既是“自己值得被爱”的自负，又是“想要被爱”的强烈愿望。

无论是哪种，都没有形成一个稳定一致的自我认知。这也反映了他们具有过度保护倾向的父母在自我统合性上的失败。

父母在对他们的态度上也缺乏一贯性。

有时宠爱，有时对他们投以过高的期待；有时心情不好会对他们十分严厉，有时纵容他们。

羞怯的人没有可以让他们敞开心扉交流的朋友。这个倾向与《彼得潘综合症》（祥云社出版）的作者 Dan Kiley 所提到的“彼得潘人群”很像。

他们硬要表现出自己好的一面，反倒无法找到自己真正擅长的东西，结果一生都没有什么自信。

尽管如此，他们却十分逞强，无法接受现实的自己。

比如因为“眼光高”而无法结婚。

实际上是因为自己没有什么自信，但心里某处又感到自负。

尽管被夸奖会不好意思，但仍是令人开心的。突然在许多人面前被表扬的话，他们会紧张而不知如何是好，但还是想被夸奖。

朝向弱者的恨意

羞怯的人，欺软怕硬。

这是一个精神科医生的话。羞怯的人会对往家里来电话的人说“我有对人恐惧症”，然而却非要与这位医生见面。

很奇怪为什么这样的人会说自己怕见人，有对人恐惧症。这位医生是这样解释的：

有对人恐惧症的人一旦发现对方在认真听自己说话，就会变得很强势，一旦盯上了就不放手。

捕捉到了猎物，就会变得残酷。

乌鸦觉得接近自己的是鹰鹫，就会因害怕被袭击而胆怯，但一旦觉得对方是麻雀，就会想要袭击。

神经症患者、羞怯者、对人恐惧症患者在这方面是相同的。

他们的区别就像地下的水会从不同的出口流出一样，有表现形式上的差异。

他们心中有恨意，会残忍地施与弱者。这样自己就可以排解这部分感情。

羞怯的人，如果不改掉这个毛病，只会一生受其所累。

预期焦虑

“不应该是这样的吗？”而引致的不安

正如前言写的那样，羞怯的人会责怪自己，因过低的自我评价而受罪，同时又被心中的矛盾折磨，然后就会变成不安的人。

羞怯的人，在与人见面之前，就会有“真不想与人见面啊”的念头。

事实上不见面的话，是无法知道这场会面会令人愉快，还是会令人讨厌。但他们在见面前就会想着“恐怕难以与这个人成为朋友吧”。

因此他们在与人相见之前就会开始感到紧张和不安，在会面好几天前就觉得这件事很讨厌，做什么都不开心。

实际见面的时候，他们因为紧张而感到不自在。

他们希望别人能对自己有好的印象，但觉得人们如果与自己接触了就不会这样想，因此会避开别人。然而总是避开人，心就感到孤独。

当羞怯的人遇到事情时，会去想“自己会不会有这样的反应呢”，并感到强烈的不安。

这就是著名的临床医生Frankl所说的“预期焦虑”和“期待焦虑”。

比如，他们担心自己与人第一次见面会脸红而不安，而在这种不安之下，又觉得自己一定会脸红。

就像这样，会因担心自己在某种情况下会有某种反应而感到不安，这种不安使得自己先入为主地认为一定会出这一段状况。

他们在人前怯场，原本准备好的话都没能说出来，弄得很丢脸。于是就会不安，“下次再在人前的话，不会发生同样的状况吗？”他们通常产生这样一个先入为主的念头。

这种不安和恐惧，常使他们明明什么都还没有做就感到疲惫。不安和恐惧是会消耗人的精力的。

即使在努力，也会有“恐怕又得不到表扬吧”这样悲观的预期，就会有一种无力感。

睡觉前，也会被“会不会今晚又睡不着啊”这样的预期焦虑折磨。

会不会在人前怯场啊，会不会失败啊，他们总是有不停的预期焦虑。

如果失败了，就会加强这种心理暗示，而就算成功了一次，也会想“下次就不行了吧”。

他们的成功不会直接增强自信。在心理上，他们总活在过去，而并没有“以后就好了”的心理期待。

先入为主阻碍了沟通

简而言之，就是不对“现在”做出反应。

先入为主地认为对方把自己当傻瓜。因此无论对方说什么，都觉得是在耍自己。

羞怯的人接收信息时并没有先清空自己的想法。别人说话时，也没有投入地去听，他们早就想好了要说什么，会先入为主地认为对方对自己持有某种观点。因此无论对方说什么，都会按照自己预想的那样去理解。

他们总是先入为主地认为对方把自己当傻瓜。因此无论对方说什么，都觉得是在耍自己。

如果前一天的天气预报说第二天会很热，那么即使第二天天气凉爽，他们也会觉得是热的，还会对人说“天气还真热”，就是这样的一群人。

想说的话是早就定好的。身体不对现在实际的外界温度做出反应。

羞怯的人一边回避与人接触，一边又会做多余的事——先入为主地判断对方对自己的态度。

“不会失败的”，他们这样想，却抓不住机会。因为害怕失败，总是提前摆出一副姿态来。

他们警戒心强，因此不会对现在（的变化）做出反应，而是根据自己先前的推测行动。根据自己头脑中的构想去做出反应。

羞怯的人，总是很难单纯地去听对方说话。他们大多数意识都用在了自我保护上，并没有真的用心听对方讲话。

他们与人交流的时候，在听到对方的话之前，就已经决定了自己要说的话。

就像开一场已经私下有了定论的会议，会议不过是形式，不会在会议上做什么新的决定。

他们在与人见面之前就决定说“今天天气真热啊”。见面对对方说“今天还有点风啊”时不会说“是啊”，而是说“今天天气真热啊”。

这是无法构成对话的。

想要有效沟通，就不能被先入为主的想法支配。与人交流，是当下的交流。

先入为主，是脱离了当下的情境的。这种做法实际并没有把对方当作交流对象。

他们一心想着保护自己，与对方根本不在一个轨道上。

羞怯的人，活在虚空之中，只是空度年华。

Chapter 3

四种社会恐惧的诅咒

从儿时就始终伴随着的恐怖感

无意义的不安与紧张

羞怯的人总是被不安和紧张困扰。

想到可能会被人拒绝，会不安；想到在公司可能会被贬职，会不安。他们通常在贬职发生之前，就会开始因贬职可能带来的屈辱感而畏缩。

他们若是在职场上受到冷遇，就觉得无法生活下去，十分不安。想到即使被边缘化了，还要不得不忍受那样的屈辱每天去上班，光是想象都觉得快要昏过去了。

谁都有“要是变成那样就麻烦了”这样的想法。但大多数情况下，即使事情朝那个方向发展了，也不会真的怎么样。

“这个工作要是搞砸了可就完蛋了”，简直好像这项工作如果砸了，自己的职业生涯也就到此终止了一样。

羞怯的人为了避免这一情况的发生，便全力以赴。

“要是变成那样就麻烦了”，羞怯的人终日被这样的不安和恐怖感缠身，每一天都是神经紧绷的。所以无论做什么都无法放松。

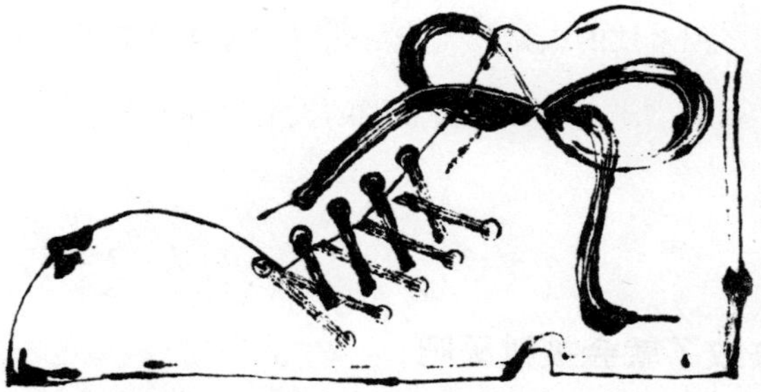

人与人不同，有的人甚至无法接受失败。

还有许多人，想到一旦失败所带来的后果，就担心得夜里无法入眠。

“虽然是不得不说的话，但说了的话会伤害到对方吧”，他们为此而担心。

“为了生活必须这么做，但如果做了，大家会不再愿意和我来往吧”，他们也为此而担心。

羞怯的人，终日被这样的不安和恐怖感缠身，每一天都是神经紧绷的。

所以无论做什么都无法放松。即使时间充裕，也放松不下来。

但就算他们所害怕的事真的发生了，大多数情况下，事态也不会因此而恶化到他们想象的那个地步。

小的时候，或许事情会像自己以为的那样发展。但长大以后的环境，并没有那么恐怖。

但羞怯的人始终无法从儿时的恐怖感中走出来。

他们小时候，是被周围的人所厌弃的。

失败了就会被讨厌吧

羞怯的人长大后，如果借东西被人拒绝了，是绝对问不出“为什么”的。

他们无法将“被拒绝”和“被讨厌”这两件事分离开来。

在研究羞怯者方面声名显赫的 Zimbardo，认为羞怯的人遭受着四种社会恐惧。

这些恐惧，都是由于他们无法将“被拒绝”和“被讨厌”这两件事分离开而引起的。

例如，失败的恐惧。尽管人们不会因为一个人的一两次失败就讨厌他或是看不起他。但羞怯的人和自卑的人会认为他们一定会被看不起或是被讨厌。

所以羞怯的人和自卑的人会比一般人更畏惧失败。

有些人被看不起，被当成傻瓜的话心中就会产生仇恨，会试图通过欺负别人来使自己好受一些。

他们自小时候起就被不安和紧张折磨得身心疲惫，虚无地活着。

羞怯的人从未得到对他们来讲最重要的人的认可。

如果能从这些重要的人口中听到一句“好厉害，做得真棒”，就会生出更多的自信。但并没有人这么做。

比如，有人从未听到过来自父母的称赞。

“都这么努力了，应该会夸我吧”他们这样想过，但并没有得到夸奖。

相反，换来的是怒气冲冲的“只能做到这个程度吗？”他们因此而受到了伤害。但当时由于太害怕父母，没有注意到自己的变化。

然后，他们就试着更加努力，但就是得不到称赞。明明自己觉得已经做得很好了，想听父母说一声“真聪明”，就是听不到。“你这样不行，这哪是这么做的”，最后总会被当成傻瓜。

羞怯的人，小时候都有过拼命努力的经验。但由于得不到父母等人的称赞，就灰了心。

他们从没有注意到，是有其他人看到了他们的努力，给出了不同的评价的。

比如，有人为了得到父母的称赞，在马拉松比赛里拼命奔跑。他们以为父母会夸自己厉害，但父母却没有这么做，反倒把自己与跑得更快的人做比较。但其实当时，是有别人看到的，觉得他“真是个努力的孩子啊”。而羞怯的人并没有注意到。

当然，围观的人中，或许也有人会觉得“不用那么拼吧”。

无论是哪种，他们其实是不知道别人是怎么看待自己努力的样子的。

他们只知道，一次又一次，他们没能从想要被认可的人那里获得认可。因此心中对自己的印象极差，从心底觉得自己就是个不行的人。

尽管也想被人夸奖，但一旦真的被夸奖了，又会浑身不自在。因为自己是觉得自己差劲的，而这样的自己被称赞，就感到有违和感。于是被夸奖就不知如何是好。

他们心中开心，同时感到很不好意思。于是被夸奖时，就会说“没有那样的事”，或“对像我这样的人……”之类的话遮掩过去。

明明是该回答一句“谢谢”就好的场合，结果还是会说“我不行的”之类的话，贬低自己。

四种社会恐惧

下面让我们来看看羞怯的人所遭受的四种社会恐惧。

羞怯的人的心理特征，如前所述，就是他们总感到害怕。这种害怕会导致胆怯、警惕和不信任。

“人很可怕”和“失败很可怕”这两种想法之间是有关联的。

一旦输了，羞怯的人就会耿耿于怀。这是因为他们无法表达失败的懊恼。

Zimbardo所说的四种社会恐惧指的是“对失败的恐惧”“怕被人认为差劲的恐惧”“被拒绝的恐惧”“对变得亲密的恐惧”。

大约，除了最后一个“对变得亲密的恐惧”，其他几种恐惧，也是人们都会有的。

或许会有人有疑问，为什么说这些是羞怯的人的特征。

事实上，羞怯的人所怀有的“对失败的恐惧”，与一般人所谓的“对失败的恐惧”是不一样的。那是因为他们对失败的恐惧，是在不信任感的土壤中孕育的。

只有周围的人认可自己，他们才能信任别人。所以一旦失败，就意味着别人会对自己持有批判的态度，对他们来讲，这相当于他们会陷入无人可以信任的人际关系。

“胆怯、警惕、不信任”的土壤，会使他们更加恐惧。

其次，没有人可以帮助羞怯的人。这也会令他们感到更加不安和恐惧。

因为这样，对羞怯的人来讲，可能失败、可能被拒绝所带来的不安，要远远超过心理健康的人。

一些对心理健康的人来讲不需要害怕的事，他们也会觉得恐怖。

正如前面说明的那样，羞怯的人，他们从小时起，身边就没有可以帮助他们的人，也没有可以信赖的人。也无法期待母亲可以给自己母亲般的保护。

他们从小就是一个人。没有人主动关心他们。

所以与心理健康的人相比，他们会对这些社会恐惧所带来的事态更加敏感。

“没有什么比十分渴望的时候没有可依恋对象更可怕了”。[1]

---

① John Bowlby，*Attachment and Loss*，黑田实郎、冈田洋子、吉田恒子译《母子关系理论〈二〉分离不安》岩崎学术出版社，1991 年，第 222 页。

对失败的恐惧

受伤的自尊心

也许你会认为，每个人都害怕失败。

但略有不同的是，羞怯的人对失败的恐惧，在于他们认为失败了一次便无法翻身。

这是为什么呢?

因为他们小时候会被父母警告“要是发生了你就完蛋了”。

尽管不会真的怎么样，但父母仍会这样威胁。

把孩子变成了羞怯的人的这些父母，他们会用一点点小事吓唬孩子。

而实际上，真的出了状况，也不会怎样。

可以说他们就是在欺负孩子。

羞怯，是从家庭开始的。[1]

容易害羞的父亲，他们的孩子有四分之三也是腼腆的人。[2]

欺凌也是从家庭开始的。

“感觉到可能会被杀掉的恐惧”，这句话隐含深意（参照第4章）。

既有真的感觉到可能会被杀掉的恐惧，也有因为被这样威胁，而感到的害怕。

如果说弗洛伊德把人性的一半掩埋起来了的话，我们这里不得不把它光明的一半先掩埋起来。研究人类自我实现理论的马斯洛博士认为，“明显性情不稳定的人，是无法优雅地接受败北的”[3]。

“优雅地”一词，原文为“gracefully”。

人格不安定的人，也有可以接受失败的情况。

但那是因为，他们会有“反正我本来就是个不行的人”

---

① Philip G. Zimbardo, *Shyness*, Addision-Wesley Publishing Company, 1977, 木村骏，小川和彦译《羞怯〈1〉腼腆的人》，劲草书房，1982年，100页。

② 同前书，107页。

③ Abraham H. Maslow, *Motivation& Personality*, Harper&Brothers, 1954, p.140.

这样的思路，实际上是一种自暴自弃的思考方式。

根据最新的研究，这种思考倾向对人格是很不利的。也就是说失败才是安全的。原本根据马斯洛的理论，当一般人的自尊心、威严丧失了的时候，应该是很难接受的。[①]

对于羞怯的人，失败是会直接损伤他们的自尊的。失败会直接威胁到他们的人格。

选择伴随着风险

羞怯的小孩子无法做选择。心理健康的小孩子是可以做的。

选择伴随着风险。选哪个都有可能失败，不会每次都选对。

选择的时候，会伴随风险，所以才需要决断。虽然有可能会选错，但我们还是需要做选择。

人也正是在选择中得到心理上的成长的。

小朋友去参加夏天的露营。

---

① 同前书，140页。

他们在考虑，是坐游艇，还是独木舟。就算没选好，选择本身的达成感也会帮助他们成长。

因为是自己做出的选择，所以即使选择失败，也得接受。

通过选择，人们可以更加了解自己。

选择哪边都有可能失败。失败是成功之母。

日常生活中微小的选择也是一样。只要是自己做出的选择，就可以接受。

开车在路上时，没有汽油了。选择每次都去的那个加油站加油的话是 8000 日元，而眼前这个加油站是 10000 日元。但汽油不够总是不安心。所以虽然是 10000 日元，选择眼前的

人正是在选择中得到心理上的成长的。我们在做选择时，心中是有一个基准的，这会使我们更了解自己。

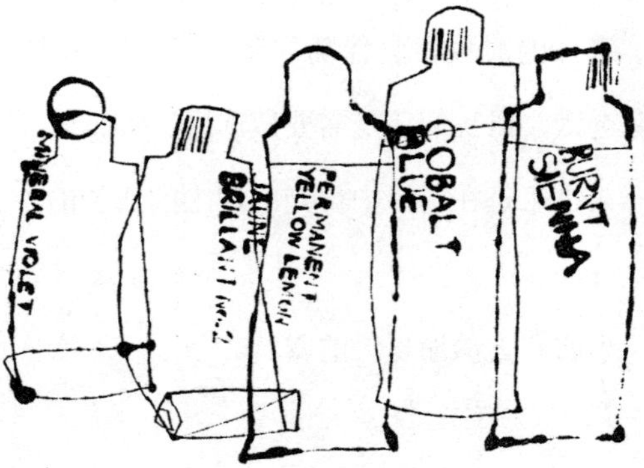

这家也说得过去。

但羞怯的人，他们选了眼前这家后，会因为觉得自己受了损失而叹息不已。

他们不得不做选择时，总是优柔寡断。那是因为他们从小，就很少有机会自己做选择。而自己做选择的话，即使有些损失，也是能接受的。

我们在做选择时，心中是有一个基准的，这会使我们更了解自己。而羞怯的人并没有形成这样的性格。

选择是像竹节一样层层递进的。

做了一个选择，进行了尝试。小孩子得以通过选择得到成长。遇到人生的峡谷，也会想尝试着跨越。

即使失败了，会为他们想要尝试飞跃峡谷的想法而鼓掌的家长，也会帮助他们的心理进一步成长。

而心理不健康的家长，会把社会意义的成功认为是成长。他们的做法并不利于孩子的心理成长。当孩子试图飞跃峡谷而失败时，他们只会责备。

这样一来，小孩子就会逐渐长成害怕失败的大人，变成认为失败是可耻的大人。

Zimbardo 表示，世界上再没有什么地方的人会像日本人一样责怪小孩子的失败了。

不为小孩子想要尝试的心情而感到喜悦，反倒拿社会意义上的成功来约束他们的父母，他们实际是在把孩子的世界越变越小。

这样的父母，他们实际是希望通过孩子在社会上的成功，安抚自己心里的伤痛。

“挑战”的时机很重要

羞怯的人长大以后，忽然被告知，“挑战精神很重要啊”，就太勉强了。因为从小，就从未挑战过什么事，没有这样的经验。

但羞怯的人会觉得不得不去挑战，勉强自己去挑战，还会觉得难以挑战的自己是差劲的人。

当周围的人勉强羞怯的人，以及有抑郁症倾向的人去做某事的时候，并不会意识到那是强求他们。

他们会认为不得不做，必须做，因此又会紧张不安。

会自然地想着“试试看吧”的大人，他们是从小就经历了各种各样的挑战的。

无论是什么事，想要一蹴而就，是不可能的。

总是烦恼的人，他们期待自己可以一下子发生变化，正如从小周围的人对他的期待一样。

无论是解决烦恼，学新本领，还是构建良好的人际关系，为此苦恼之人，多半是期待奇迹突然发生。

没有人是一下子变厉害的。

总是试图做做不到的事，再努力也难以看到回报。结果就是，羞怯的人和有抑郁倾向的人，他们做大量的无用功，但并没有成果可以增加他们的自信。

重视生命周期，青年时期致力于研究个体身份的确立的 Erikson 认为，想要确立个体身份，重要的一点就是青春期时需直面自我丧失的恐惧，正是如此。[①]

正如 Erikson 所说，青年时期如果出现使自己的存在价值感到威胁的事态时，要勇敢面对，没有那样的勇气是不行的。

羞的人每次避开风险，就会如 Erikson 所说的那样，会感到孤单，还有因为放弃了可能性而产生的绝望感。[②]

马斯洛还对比了“成长与安全”。小孩子如果选择安全，就很难实现心理上的成长。

---

① Kathleen Stassen Berger，*The Developing Person Through the life Span*, Worth Publishers，Inc.，1988，p.436.

② 同上，436 页。

对自我丧失的一件件恐惧，就像一节一节的竹节，正是因为有这些恐惧，竹子才会不断地向上生长。

感到害怕，就试着挑战吧。如果失败了，再试三次。

但是，到了青春期，忽然要求他们“直面自我丧失的恐惧”，也是很勉强的。

从小，爬树、跳绳、骑竹马、捕鱼，在一件件小事中累积失败和成功的经验，只有这样长大，才能去挑战有可能失败的事情。

前面也说过，无论成功还是失败，只有父母鼓励这种“想要试试看”的心情，他们长大以后，才会变成乐于挑战的人。

如果小时候没有这样的体验，被突然告知“虽然有可能失败但还是要尝试”，那还是不自觉间选择安全地待着。

羞怯的人对于有可能落榜的考试，就会想“还是算了吧”；觉得可能说不过别人，就闭上嘴巴；觉得对方可能不把自己当回事，就干脆不出席。

在孩子小时候，对他们的期待是希望他们可以成为世俗意义上的成功者，这样将他们养大，却又忽然指望他们可以变得无所畏惧地去挑战，这是不切实际的。

但是，自己在心理上存在问题的家长就是会这么期待。

由于畏惧失败而总是选择明哲保身的大人，他们是从孩提时期起就这样被养大的。

这就像要求一个一直在公司兢兢业业干到退休的人忽然具有浪人精神一样不切实际。

这就像澳大利亚的精神科医生 Beran Wolfe 所说的那样，“烦恼是昨日的结果”，人们今日的烦恼，来源于到今天为止之前每一天生活中的积累。

也正是从小时候开始的每一天生活的叠加，把他们变成了“只想着不能丢脸”的大人。

“成年人的个性是在他们尚不成熟的时候，通过与重要的人之间的相互作用，尤其是与他们所依恋的人的相互作用中形成的。”①

“根据在本世纪广为接受的人格形成模型，人的性格是通过一定的阶段才得以成熟的。②”

每日酗酒，经年累月，肝脏才会恶化。并不是某一天在某个宴会上，偶然饮酒，肝脏就忽然变坏的。

---

① *Attachment and Loss* p.208，《母子关系理论〈二〉分离不安》，第 230 页。

② 同前书，398 页。

失败变成了恐惧

羞怯的人长大以后还那么畏惧失败，多半是小时候失败时被嘲笑、被轻蔑的结果。

失败后被冷嘲热讽“你真是个笨蛋啊”，于是受了伤害。

拜托人帮忙的时候，对方从鼻子里冷哼一声，拒绝了他。这样的经验使人心怀恐惧。

普通人如果被说，“你真是个笨蛋吧”的话，大约会一言不合与对方打起来。

而羞怯的人，他们的成长环境并不是那样的。他们长大以后遇到类似的状况，也失去了与人争吵的能力。他们大多数，小的时候比起被挑衅，更多的或许是冷哼和轻蔑。这种感情的记忆逐渐累积，就会觉得失败是件可怕的事情，连正常的争吵都做不到。

之前提到过这样的实验，让马听一种声音的时候给地面通电。这样做以后，即使不通电，单单给马听同样的声音，马也会扬起蹄子。失败就是这个声音，而恐惧则是电流。

即使失败了，周围的人已经不再会嗤笑嘲讽，但羞怯的人就像上述实验里扬起蹄子的马一样，会感到惊恐不安。

无论做什么，都会因害怕失败而感到恐惧。往日那些糟糕的情境会自动再现。

换句话说，就好像与失败相关的情感数据事前已经被输入了大脑里。

对弱点的过度意识

羞怯的人周围，总有些坏心眼且心怀不满的人。这些人是被他们吸引来的。对于这些坏心眼的人来说，羞怯的人是很好欺负的对象，因为他们不会还嘴。欺负他们，可以使这些人病态的自尊心得到满足。

而羞怯的人只能默默承受这些。

那些心怀不满的人，总是说话的一方。

而听着的一方——羞怯的人，会把这些非难与责备同自己的弱点联系起来，就那么接受了这些非难。

羞怯的人对自己的缺点意识过度。他们总是想着自己做不好的地方。

“这个茶杯真脏啊。”心怀不满的人说。

羞怯的人就会觉得——那是因为我很贫穷，进而觉得对方不喜欢自己。

成人以后环境发生了变化，没有人捉弄他们，他们却依然觉得总被人当傻子，不受尊重，是因为他们并没有与当下接轨。他们没能真正与人实现交流。

他们的心没有向眼前的人敞开。他们对于眼前之人视而不见。

正因为他们没有真正看清楚对方是怎样的人，就会和小时候一样，认为失败令人恐惧。

他们先入为主地认为对方会蔑视自己。

因为看不清对方，也会更加在意对方是怎么看待自己的。

在羞怯的人眼中，他的交流对象与鱼或蛇没有什么区别。

他们不知道怎么做会有怎样的结果，也并不关心对方是怎样的人，就是单纯地害怕。

即使是蛇，也有害人的和不害人的。有的会攻击人，有的不会。对蛇感兴趣的人会知道这些。

而羞怯的人因为不了解对方，就会害怕对方有可能会危害自己，像害怕蝮蛇一样。

樵夫会与树木交流，厨子会对牛蒡感兴趣。而羞怯的人，和谁都不说话。

亲和型忧郁症是这样的："心脏一点点涨大，即使没有犯罪，只是失败了，也会苛责自己的良心。心越来越敏感，即使他们没犯什么错，一旦遭到非难，就会失去自信，觉得自己该承受这些非难。”[1]

亲和型忧郁症的人，很容易认输，一点点过错就令他们感到束手无策。甚至会有把别人的过错都归到自己头上的过错妄想，连别人的懒惰都会觉得是自己的责任。[2]

有些人是生来如此，而另一些人，是被父母逼成这样的。

反之，世间有些人是会把自己的过错推给别人的。明明是自己偷懒，却责怪别人不做事。

如果注意不到这一点，羞怯的人的日子就更难过了。

通过取得社会意义上的成功而获得心理安定的人，比原本就心理安定的人更加恐惧失败，也更能感到压力。

认为失败了自己的价值就会下降的人，比相信自己的价值的人更畏惧失败。

在意别人如何看待自己的人，比不在乎这些的人更害怕失败。

希望能给别人留下深刻印象的人，与并不这样的人相比，更感到失败的可怕。

---

① Hubertus Tellenbach, *MELANCHOLIE*, Springer-Verlag, 1961. 木村敏译《忧郁症》，美须书房，1978 年，171~172 页。

② 同前书，173 页。

“失败”与“成功”，没有简单的界定

有的人对名声和力量有十分执着的追求，给这样的人一个机会，可以让他一举扬名。

紧张得彻夜难眠的，就是他们。那种强烈的想要获得名声的心情，是与失败的恐惧互相伴随的。

就像 Karen Horney 所说的那样，对名声的迫切也能从不满的反应中体现出来。

这是什么意思呢?

如果没能得偿所愿，就会有很异常的反应。他们对事情没能顺利进行这件事，几乎没有忍耐力。

一旦事情无法顺利推进，他们就会立刻丧失冷静。遇到一点失败，就方寸大乱。

事情没能按照自己的想法进展，心情就会立刻变差，感到烦躁，会冲人发脾气。

其实是对自己不满，在生自己的气，但本人却没有意识到这一点，以为是别人的言行惹到了自己。

这样的人与幽默的人不同。有幽默感的人，即使是在逆境中，也不忘保持笑容。

因为没能与现实接轨，因为没有与人真正接触，而夸大了自己的失败。同时，他们会十分地盼望可以获得社会意义

上的成功。

觉得如果不持续地给人一个好印象，就会被人看不起。怀着这种担心的人，往往并没有特定的希望能被喜欢的对象，他们希望人人都喜欢自己，并不是针对某个人的行为。

所以羞怯的人首先要做的，是去想好“希望得到谁的喜爱”，决定了，就针对这个人努力。

想要人人都喜欢自己，那一定会筋疲力尽的。

无论对方是谁，羞怯的人都小心地看对方脸色，会耗尽精力的。

还有一点就是，不要去贪图凭自己的实力无法得到的地位，一旦这样做了，就不得不依靠某个人。这样一来，精力就会用到看这个人的脸色上去。因为要依靠这个人，所以不得不这么做。长此以往，人生目标就好像变成在别人面前好好表现了。

因此他们比别人更害怕失败，担心失败了会遭到非难。

其实人人都有失败的时候，这些失败称不上失败。就算从短期来看是失败，但在长期的人生跨度里，不少都会变成成功的一部分。

反之，不同常人的反常的成功，即使看起来风光，从长期来看也未必是件好事。

霞之关有一位精英官员自杀了。他从小就总是成功，这几乎成了他最后这次失败的原因。

如果能够在更早一些的时候经历一次失败，他就会考虑，“这是否是适合我的道路呢？”

我们会简单地说失败啊成功啊，但问题是，何为失败，何为成功?

从某种视角来看是失败，但换了个视角就不是失败了。

有干劲儿的人常说“哪有什么失败”。若说他们说话古怪，倒也没错。

重点是要选择适合自己的生活方式，失败也好成功也罢，说没有就没有，说有也可以有。

从某种视角来看是失败，但换了个视角就不是失败。重点是要选择适合自己的生活方式。

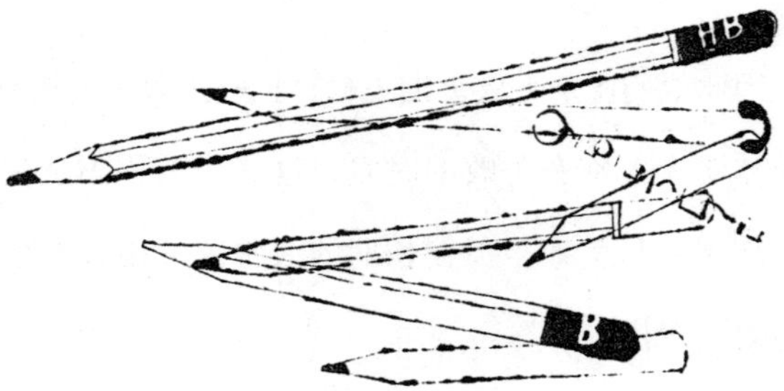

这是内布拉斯加州的一个修道院的修道士在晚年写下的话：

如果我能再活一次的话，

我将不惧失败。

身体放轻松，头脑放柔软，

比现在更笨拙地生活。

这是我翻译的一位名为McGinnis的美国咨询师的书中出现的一小段诗。[1]

我觉得这首诗写得非常棒，因此在这里引用了。如果要我修改，我会把最后一句“比现在更笨拙地生活”改成“比现在更诚实地生活”。

也就是，喜欢就说喜欢，讨厌就说讨厌的一种生活方式。

为了更喜欢的东西想要去做更多尝试的一种生活方式。

---

① Alan Loy McGinnis, *Confidence*, Augsburg Publishing House, 1978, p.57.

想要从“安全型”向“成长型”转换

再诚实一点，想想自己最想得到谁的喜爱。

羞怯的人，需要想想选择谁做自己的朋友。对这个人要和别人不同，不能同等对待。

不要做无论谁来都拿出同一款红酒的事。朋友来的话，要拿出特别准备的好喝的红酒。

我有一次因为东京的调查委托，调查羞怯的人。

详细的调查结果因篇幅所限，无法在这里展开，下面是一些结果：

“与人说话时，会担心会话忽然中断”“对方发火时，会不自觉地感到是自己做错了事情”“与其尴尬相对，宁可一个人”“受人非难时，有时感到忧郁，有时感到愤怒”“害怕伤害别人的感受，因此不敢说出自己的意见”。

这些都是典型的羞怯者症状。作为对照我们还调查了一些风险爱好者。

“有希望别人帮助的事情时，能轻松地拜托别人吗？”“与人第一次见面，会主动开启对话吗？”“在社团活动和学习之间，可以迅速选择做哪个吗？”“可以不怕失败，做没有人做过的事情吗？”对于以上问题可以给予肯定答复的，我们认为他是风险爱好者。

可以看出，羞怯的人与风险爱好者呈现很强的负相关，而与神经症患者呈现很强的正相关。

“做决定”这样一种“冒险行为”与赞同自责型人呈负相关。

也就是说，赞同自责型人格的人难以做决断。无法做选择，也就对无法更清楚地了解自己。

这里所提到的神经症患者，是会确立过高的目标，怀有想要通过这样的成功来报复某人的心理，若是向别人提供了帮助，会期待别人发自内心地感谢的一类人。

成长为大人以后，会出现“总是不安的安全型”和“有自信的成长型”这两种人格。

一味地追求安全，反倒会容易感到不安，适当地冒一些风险，会更有利于自信。

羞怯的人，在面对马斯洛所说地安全和成长的选项时，很难去选择成长。

最理想的，当然是安全的需求已充分地得到了满足，在这种情况下去选择成长。这也是最利于成长的。

但是父母皆凡人，几乎没有人在孩提时期安全的需求是得到了完全的满足的。

所以，就要用自己的意志去抑制安全的诉求，或者是自己设法处理安全的需求，将更多的能量用于成长上。

安全的需求在某种程度上得到满足以后，需要有意识地付出努力，使自己从安全型向成长型转变。

所谓人的尊严，就是通过这样的努力而形成的。

怕被人认为差劲的恐惧

只是为了蒙混过关

也许谁都会害怕得到别人的负面评价。

但是这里所说的害怕，如前文相同，需要考虑到它是滋生于不信任的土壤之上的。

有人可以完全接受自己，有人守护自己，有人帮助自己。

自己也相信别人，感到“真正的自己”是可以被接纳的。

这样的人，即使也害怕得到别人负面的评价，但他们害怕的程度，与羞怯的人是完全不同的。

更简单地说，孤独的人，和有亲友的人，即使是同样被负面评价，那种恐惧感是不一样的。这个应该是不难理解的。

羞怯的人和心理健康的人的所感受到的恐惧，就存在这样的区别。

羞怯的人，一旦得到负面的评价，就会受伤。无论是被当面评价，还是背地里听说的。

为什么会害怕，为什么会受伤呢?

那是因为：首先，他们自己对自己的评价就是负面的。另外，还会主观地认为，必须得到别人的高度评价。

第二，他们会通过别人对自己的评价来确定自己的价值。试图通过别人的评价来保护自己。

第三，因为被劣等感强的人奉承巴结会使他们感到愉快。想要通过别人的夸奖来获得内心的安定。这是一种自我膨胀的虚荣病。

羞怯的人，他们心中虚无，空有皮囊，总是试图通过做做样子来蒙混过关。在此时如果得到负面评价，就会产生巨大的心理恐慌。

不必太依赖别人的评价

就算是得到的评价不高，也要看这评价是谁做出的，针对什么事的评价。

一个人在某个公司得到的评价低，换作其他的公司、其他的职种，结果或许就会有所不同。

反之，即使是得到了很高的评价，并不意味着这个人各个方面都很优秀。换一个职种，说不定就会得到很低的评价。

有亲近的人的人，他们不会觉得别人总是带着批判的眼光看自己。

事实上，人们的视角是各种各样的。

所以如果你的某个伙伴认为你不怎么样，离他远点或许更好。那个人很可能就是不喜人，其他人也讨厌他也说不定。

在某个公司的某个部门得到低评价，因此就感到很屈辱，这不是很奇怪吗？这简直就是悲观主义的代表。

在某个方面得到的评价低，可能有很多种解释。想要被人喜爱的人，倾向于将某个人的评价放大去理解。

不适合这个部门的工作，不代表其他部门的工作也不适合。

就像“不会游泳”和“不会唱歌”是两回事一样。

羞怯的人害怕被人否定，是因为他们在解释这个否定时，有放大别人评价的倾向。

他们真的应该感到害怕的，是自己对事物的解释方法。

如果能把对事物的解释方法由悲观主义变成乐观主义的，那负面评价也就没有那么可怕了。

有劣等感的人，会通过讨别人喜欢来确立自己的个体身份。

但实际上，自己是谁，是怎样的一个人，应该是通过自我实现而获得的喜悦来确立的。

羞怯的人，明明并不喜欢别人，却活在别人的评价里。

他们越是害怕别人给予自己很低的评价，越会被别人牵着鼻子走。越是让别人觉得他们很重要，就越容易被别人支配。

另外，他们还会不由自主地认为即使是从和自己没什么关系的人那里，也必须得到很高的评价。

即使无法从别人那里得到较高的评价，也不会有什么不愉快的事发生。

自己是谁，是怎样的一个人，应该是通过自我实现而获得的喜悦来确立的。即使无法从别人那里得到较高的评价，也不会有什么不愉快的事发生。

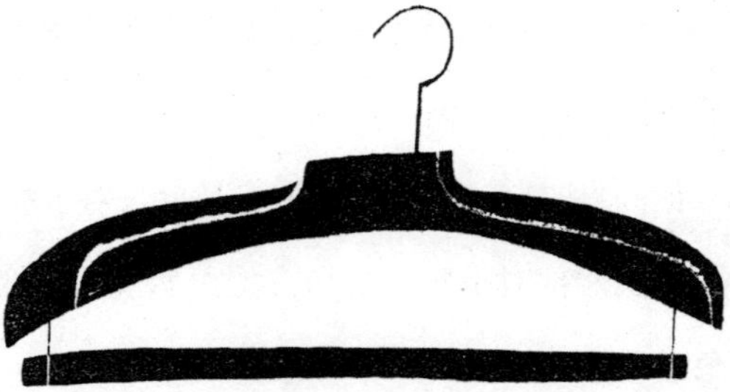

被拒绝的恐惧

如果会被拒绝，还不如自己一个人

羞怯的人因为害怕被拒绝，连邀请喜欢的人一起吃饭都做不到。

想着可能会被拒绝，就害怕去邀请。然而，这是与人变熟悉所需要的过程，是总要去做的事。

羞怯的人小的时候，总是什么都不用做，问题就能得到解决。他们就会选择“不作为”这种安全的解决方式。

比起被拒绝，他们选择了一个人待着。

用 Erikson 的话说，这是一些被孤独逼到墙脚的孩子们。

哈佛大学的社会学教授 Christopher Jencks 在印第安纳州的高中实施了一项调查。

他调查了在高中时期有约会经验的人和没有约会经验的人十年后的状况。

当时有过约会经验的高中生，十年后无论是从财力、职业，还是对社会的整体适应性上都胜出了。

也就是说高中时没有约会经验的男性，在他们的二十八岁，都不只是没有成功，也谈不上幸福，适应性也比较差。

邀请别人约会，总有被拒绝的可能。敢冒风险去尝试的年轻人，和做不到这一点，选择在安全区待着的年轻人是不同的。①

羞怯的年轻人既担心被人拒绝，又担心被公司拒绝。

人们之所以希望在公司出人头地，也是源于对被公司拒绝的恐惧。一旦走上精英路线，就会远离 Fromm 所谓“孤立与流放”的恐惧。

人之所以向往权力，是害怕为世间所不容。手握权力，就不会有对“孤立与流放”的恐惧。

越是心中不安的人，越追求权力。越是不安的人，越追求名望。

那是因为越不安的人，越害怕被拒绝，害怕被“孤立”“流放”。

而因为担心被拒绝而用假面伪装自己的人，他们与别人在一起时也会感到不自在。因为他们不知道自己的假面什么时候会被剥下。

---

① Brian Gilmartin，*The Shy-man Syndrome*，Madison Books，p.9.

羞怯的人一旦被拒绝，就会很受伤。

当然，无论是谁，被拒绝了，多少都会感到受伤。但羞怯的人与心理健康的人伤口的深度是不一样的。

羞怯的人本来就难以很好地与人沟通，他们的心总是很孤寂。

与前文中提到的其他类型的恐惧一样，他们的恐惧是滋生在不信任的土壤之上的。

这种情况下一旦被拒绝，就会造成难以愈合的伤口。

羞怯的人心中本就伤痕累累，被人拒绝就好像往他们的伤口撒了盐一般。

如果得知某个机会自己是唯一一个被排除在外的，就会对生存这件事本身感到不安，好像支撑他们生命的基石被动摇了一样。

如果被某个集体排除在外，他们就会立刻重伤无力。

他们以为会邀请自己的派对，却没有被邀请，但邀请了其他自己认识的人，便沉浸伤痛中难以自拔。

晚上，他们即使上了床，也久久难以入眠，吃安眠药也不管用，害怕第二天的来临。

然后他们为了不再受同样的伤，变得十分戒备。换句话说，会变得从最开始就不愿意与人接近。或是抢在前面说“我讨厌派对”。

不与人接触，自然不会被拒绝，也就不会受伤。

总是，会构建一个很小的世界。在这个世界的四周竖起高高的墙，把自己关在里头，都是为了再也不受伤。

会这样害怕被别人拒绝，实际上是因为自己也是拒绝着现实中的自己的。

如果对自己有自信的话，即使被人拒绝，也不会觉得受到了多么大的打击。

心理健康的人也会有社会性的恐惧，也很讨厌被拒绝的感觉。

无论是谁，得到很低的评价，也不会愉快。

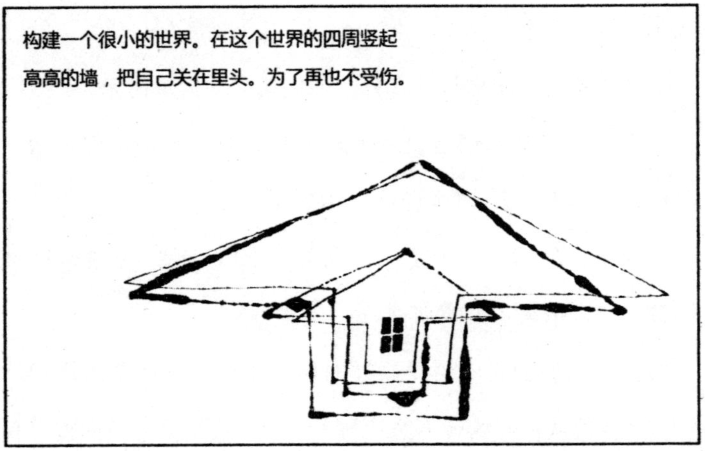

但是，心理健康的人，他们在这个世界上，能找到自己的容身之处。

而羞怯的人，他们无处容身。

有容身之处的人和没有容身之处的人，他们对被拒绝的恐惧不是一个量级的。

心理健康的人，即使被人拒绝，依然可以照常生活。但羞怯的人，一旦被人拒绝，就觉得活不下去了。

有这样大的区别。

如果有亲近的人，即使被某个人拒绝了，也能很快振作。他们会给你力量。

但如果没有这样的人，无论被谁拒绝了，都会觉得很难挨。

人和人之间通过接触，力量可以由一个人传递给另一个人。但羞怯的人，他们无人可以依存。因此消化拒绝，对他们来讲分外吃力。

被拒绝是通往幸福的第一步

羞怯的人因为缺乏自信，恐怕难以注意到，被拒绝其实反而会是件好事。

某个派对没有叫他们去，被伙伴们排除在外了。有时这反而是救了他们。

就像许多人所说的那样，如果说有什么是幸福的必需品，那将会是“理想的人际关系”。

不幸的人，他们都有很糟糕的人际关系，有糟糕的同伴。

不被招待去派对，是可以成为与这样的同伴一刀两断的契机的，从此就可以获救了。

总与他们待在一起，恐怕一生都难以幸福。那样的同伴，羞怯的人要多少有多少。

那种伙伴之间，虽然表面会做出其乐融融的样子，但心底是互相讨厌的。

但是，作为他们中的一员而存在时，不会意识到其实彼此是互相讨厌的。

和他们分开一阵子，就会在某一天忽然意识到，其实自己并不喜欢他们。就会奇怪，为什么自己与他们在一起时没有注意到这一点。但身在其中，往往就是注意不到的。

这可能是因为太寂寞了。

被一个小集体排挤，反倒是通往幸福的第一步。这样的例子不胜枚举。

在公司也是同样。想到可能会被开除，谁都会感到害怕。

“万一被开除了怎么办？”“会不会无法维持生计？”人们会因此而不安和担心。

但是被开除，说明公司并不需要这个人。这个人并不适合这家公司。

这样会导致生活面临影响，会感到屈辱，被开除对这个人来讲自然是大事。

但如果不被开除，也就不会有机会去更适合自己的公司。

离开公司以后再回首，有时也会注意到，原来之前在公司时，少有开心的时候。

即使讨厌也离不开的小集体，或不合适自己的公司——得以被他们拒绝，是神赐予的礼物。

如果被开除后，感到的是遗憾和懊悔，那说明或许是，在公司时没有好好努力工作。

如果那样，这将成为一次反省机会，提醒你下次要更加认真努力。

离婚后，有些人会觉得变得更幸福了，另一些人则心想“糟糕！”

觉得糟糕的人，在婚姻中并没有真诚地付出。他们自我感觉良好，无所作为。他们欺骗了对方的感情。

觉得更幸福了的人，他们在婚姻中尽了最大努力，被榨取得一干二净。他们是上了当的人，离了婚，才发现自己之前吃了多大的亏。

被同伴排除在外，是件寂寞的事。

但如果那是抵达幸福的过程，这就是件值得感激的事。

如果因此而感到愤怒，那就说明之前想要从同伴那里获得什么。

失落之时便是孤独之时。

怀恨在心想要复仇，实际上是贬低了自己，不过是忍受不了屈辱感而已。

去做更多有意义的事，屈辱感自然会消失。

羞怯的人十分害怕被拒绝，这很自然，但被拒绝并不都是坏事。

更重要的是，如果能借此机会远离那些其实自己从心底讨厌的人们，是件可喜而非可叹的事。

最初与他们分开时，觉得孤立无援，但随着时间的推移，自己便会有感知。大多数情况下，羞怯的人是不喜欢他们身边的那些人的。所以被周围的人拒绝不是什么不幸的事，是好事。

被拒绝不是什么不幸的事，是好事。诚实地面对自己，以及拒绝了自己的人或事，可以开拓更好的明天。

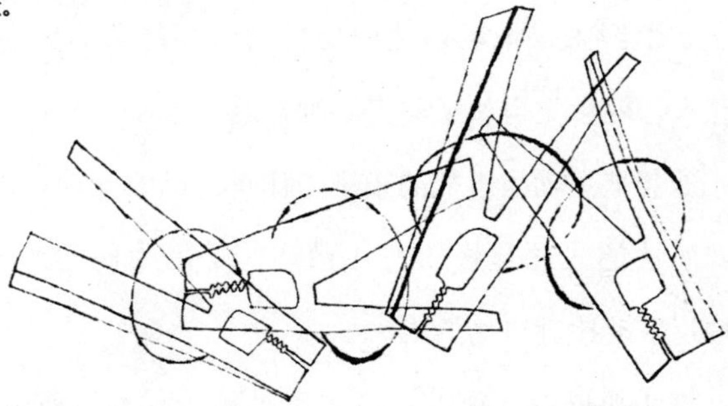

被拒绝是会让人感到屈辱，但也会成为更诚实地审视自己，以及去寻找更适合自己的地方的契机。

如果能诚实地面对自己，变得更加坦率的话，世界上总会有人能够认可这个人的。

今天的好事，不一定到了明天还是好事。

今天的坏事，也不一定到了明天还是坏事。

诚实地面对自己，以及拒绝了自己的人或事，可以开拓更好的明天。

因为害怕被拒绝，就把自己封闭起来，或是迎合他人，才是更危险的做法。

那样的态度会影响一个人的潜意识，最后逐渐变得不幸。

失去了眼前的人，恐怕就再也无法恋爱了

一个因为害怕被拒绝而把自己封闭起来的男性，一旦有了恋人，就会觉得如果失去了她，就再也没有恋爱的机会了。

他会把主动靠近他的骗子当作是自己的女神。

羞怯的人总是经历悲惨遭遇，是因为他们恋爱的对象，常常是主动接近自己的人。

羞怯的男性，很难自己去主动接近异性。所以他们总与好女人无缘。就算有喜欢的人，也会像前文所说的，无法主动去邀约对方。

而主动接近他们的，往往是别有所图的女人。她们所寻找的猎物，是认真、耐劳、单纯，对自己百依百顺，即使自己撒谎也会信以为真的男人。

而羞怯的人，大多数正是这样的老实人。

对于女人的演技，羞怯的人完全无法识破，因为他们太寂寞了。

对于这些狡猾的女人，羞怯的人简直是可以任她们揉扁搓圆。

上哪里去找这样的好事。

越是封闭自己，越会丧失自信。进而把自己的小世界看

得无比重要。唾手可得的东西，也会当作无价之宝。

在人际关系上，会把正在交往的“朋友”当作十分重要的人。因为他们觉得自己是根本交不到朋友的人。

所以他们的人生十分乏味，也会想约喜欢的人出来。但一旦对方注意到自己，就又会畏畏缩缩。

这就是羞怯的男人。

而一旦遭到拒绝，就会把这拒绝立刻和自己的缺点联系起来。自己爱出汗，个子矮，话太多……

即使是在对别人做出邀请的时候，采取的也是一种防御的姿态——“要是对跳舞不感兴趣的话就算了”。

对变得亲密的恐惧

羞怯的人，害怕与人变得亲密。不光是因为他们害怕被了解，还是因为害怕对方破坏自己筑建起来的壁垒。

一个人如果竖起了高高的心墙，那自然会害怕它会被破坏掉。

如果说别人的人际关系是天生的、自然的，那么羞怯者的人际关系就是人工制造的。

羞怯的人会回避亲密的对话，他们讨厌真实的自己。因为他们认为自己是一种屈辱的存在，自己的声音令人讨厌。

准确地说，他们隐藏的不是自己的缺点，而是他们自己认为是缺点的部分。

对方很可能压根儿没觉得那是缺点，甚至有时会觉得那很吸引人。

“这双鞋好脏。”母亲说。

“这鞋子真漂亮。”另一个人说。

那么他们就会相信母亲的话。

羞怯的人，他们倾向于相信不好的话。因为心中有伤口，所以无法与人变得亲近。即使被赞美，伤口也无法治愈。

羞怯的人，对别人的话的反应简直到了可怖的程度。

他们只单纯地听话的内容。

即使是别人轻蔑地看着说，“挺好看的啊”，也会觉得高兴。

即使对方觉得他在做傻事，只要夸赞一句“不错啊”，就会为此而开心。

他们没有梦也没有骄傲，只想平安度日。

羞怯的人对自己怀有深深的劣等感，他们讨厌自己。如果说他们有什么需要解决的问题，那正是这一点。

他们认为自己是一朵玫瑰，却觉得玫瑰是令人讨厌的，一定要当郁金香不可。他们认为郁金香要优于玫瑰，还会错

对自己怀有劣等感，讨厌自己。如果一直无法喜欢上自己，就无法改善任何问题。

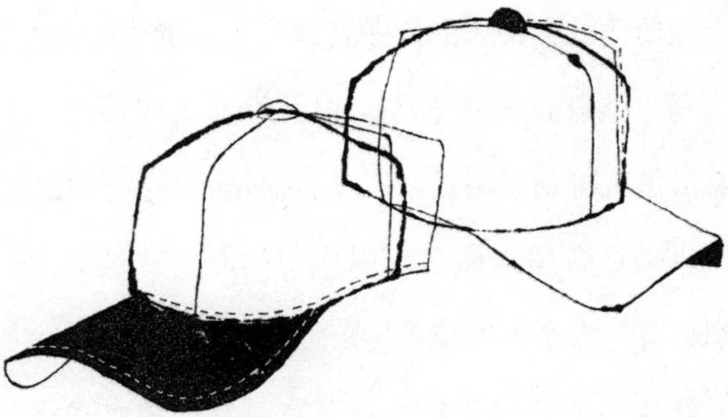

以为，身边的人都是郁金香。作为玫瑰的自己，一定要表现得像郁金香一样，像他们一样好。

小孩子想要一件东西。他们就想要那个。在这种时候给他别的东西，他们会说“才不是要这个”，也听不进别人的话。

只想要自己想要的东西。解决不了这个问题，就什么都干不了。

羞怯的人如果一直无法喜欢上自己，就无法改善任何问题。

孩提时的需求得到满足，才能优雅地老去

人际关系是由许多面构成的，不仅仅是社会角色的扮演。

人们退休以后，与人亲近的能力是最重要的。

高龄化社会最大的问题就是与人亲近的能力。

是否能够优雅地老去，很大程度上取决于这个人孩提时的需求是否得到了满足。以及，他是否具有与人亲近的能力。

日本社会里退休之所以成为问题，就是因为并不是每个人都具有与人亲近的能力。

就像想要开出美丽的花需要足够的清水灌溉一样，想要

优雅地老去，孩提时的需求就必须得到满足。

重要的是，要清楚自己现在处于怎样的阶段。要清楚自己心中的那个小孩子得到了什么程度的满足。

孩提时期的需求没有得到满足的人，他们心理上是原地踏步的，他们会一直像个孩子一样渴求周围人的赞扬。

这样的人，他们害怕有人忽然闯入自己的心，于是会在心的周围筑起高墙。墙越高，他们就越孤独。

羞怯的人，就好像是一个觉得自己的家里破烂不堪的人。

这让他感到难为情，因此不想让别人看到自己的家，想要把家里的状况隐藏起来。

他们主观地认为家里破旧的话会被人看不起。因此不想被看到，又因为不知道什么时候会被人发现这一点而紧张不安。

但是，即使是家里破旧，将地板擦得干干净净的也是很重要的。比起不那么老旧但地板脏兮兮的房子，虽然破旧了点但地板勤加擦拭的房子更胜一筹。但他们不知道这一点。

破旧和脏兮兮可不是一回事。

有人腰缠万贯，但邋邋遢遢，有人生活贫困，但将一切收拾得整洁干净。

羞怯的人可以把自己看作一个仅仅是出身贫困的人，对于自己本人，可以更有一些信心。

出生在一个一贫如洗的家庭，并不是自己的错。那是命运弄人。

即便如此，仍然能保持干净体面，是一件很了不起的事。

没有梦想的人，才会因为身处陋室而觉得自己低人一等。

一位性情羞怯的妻子，住在丈夫公司的家属楼。

公司里的一位领导早上会从她家门口经过。她会在那之前将地上洒上水以免有扬尘，明明在意到这个地步，却从不与同住这一片儿的人们打交道。因为害怕一旦与人熟悉了，对方会了解真实的自己，然后就会讨厌自己。

Zimbardo 指出，羞怯的人认为与人变得亲密是件令人害怕的事，因为会暴露“真实的自己”。这里他使用的措辞是亲密（intimacy），但更准确地来说，“与人靠近”会更贴切一点。

与人亲近起来，人和人就可以互相敞开心扉，即使让别人看到真实的自己也没关系，这令人感到愉快。

而对于羞怯的人来讲，“与人靠近”时，他们不得不勉力死撑。

一旦与人接近，他们就必须在对方面前做出一个很好的样子，这令他们感到十分辛苦。

虚张声势的人，往往与对方并不亲近。真的走得近的话，就不需要在对方面前装样子。

这样的人，基本上都是因为不想被别人讨厌。

但他们不明白，被一些人所讨厌的特质，往往是被另一些人喜欢的原因。如果没有任何人讨厌你，那恐怕也不会有人多么想要与你亲近。

或许在他们迄今为止的人生里，有过工作上得到认可的经历，但人格上，却没有被真正认可过。

许多有抑郁症倾向的人，如果有一份工作职责，那么心理上就可以安定一些。

问题在于“面对人生的态度”

前面我们写到过，羞怯的人认为家里破旧是件令人羞耻

被一些人所讨厌的特质，往往是被另一些人喜欢的原因。如果没有任何人讨厌你，那恐怕也不会有人多么想要与你亲近。

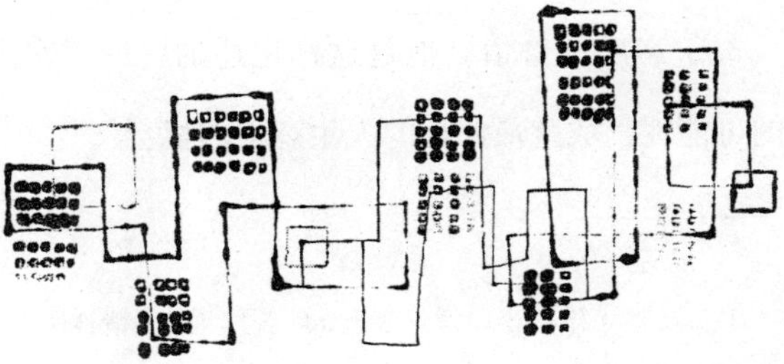

的事。

比起破旧的房子，当然是不那么破旧的房子比较好；比起羞怯的人，当然是内心健康的人比较好。这是显而易见的。

而羞怯的人，对这些比谁都更清楚。因为他们自己，每天正经历着那样的苦楚。

但是，作为人的伟大，以及人生的价值，是另外一回事。羞怯的人，比心理健康的人更值得敬佩之处有许多。羞怯的人，比心理健康的人更能体现出他们人生的价值所在。

我想强调的是，羞怯的人，他们应当意识到自己的了不起。

没有人是因为自己乐意，才变成了羞怯的人的。但羞怯的人，他们面对残酷的命运，仍坚持到了现在。他们这种坚持面对的态度里所蕴含的价值，我真希望他们可以意识到。

这就是 Frankl 所说的“态度性价值”。指的是用怎样的态度去面对人生。

关于态度性价值，他是这样记述的——“实现最高的价值的可能性，成就最深远的人生意义的机会”[①]。

---

① 宫本忠雄、小田晋译《Frankl 著作集 6〈精神医学上的人类〉》，美铃书房，1961 年，第 58 页。

害怕失败，害怕被拒绝，害怕被人觉得差劲，害怕与人亲近的羞怯的人，最需要的是——“用正确的态度去面向人生”[①]。

如果这样做了，一定会发现自己人生的意义。

① 同前书，第58页。

Chapter 4

“去相信”很重要

俄狄浦斯情结

缺乏安心感，就无法信任他人

羞怯的人小时候，没有过待在母亲身边而感到“放心了”的体验。

一般的小孩子在母亲身边会感到安心，一会儿就能睡过去。而羞怯的人从未有过这样的体会。

他们从未卸下防备。

而对于心理上的成长来说，卸下防备的状态是很重要的。

小时候如果无法卸下心防，就无法交流。

一个人如果能正常地与人交流，就不会出现太大的问题。

如果是在温柔的母亲身边，即使房间里很亮，或是在简陋的沙发上，小孩子也可以很快入睡。如果累了的话可能趴在地板上就睡着了。

如果心中不安，即使是在豪华的大床上，人也会睡不着觉；如果心中安定，即使是睡冷地板，也能很快入睡。

而羞怯的人，他们从小就没有体验过一个让他们可以放松的氛围。

交流是一个人活着的证明。

而羞怯的人，他们小时候，与人交流的能力并没有得到培养。

首先要有安心感。然后是，去相信别人。这样才可以进行交流。

性格偏执的人，以及羞怯的人，这类有抑郁症倾向的人幼年时期往往感受过与人接触的恐怖之处。

羞怯的人，就这样由无法安心的小孩子变成了无法安心的少男少女。

Gilmartin 的调查显示，越是羞怯的孩子，越有一个避世的母亲。

回避社会的母亲，有的也避开了自己的孩子，而另一些，则是把被压抑的、过剩的感情倾注到孩子身上，来释放自己心中的不满。

无论是哪种，都是令孩子难以忍受的母亲。

与之相反，在孕期心情放松、性格乐天的母亲，会生出调皮的男孩儿和可爱的女孩儿。

“母亲怀孕时总是闷在家里”，对这一条做出肯定答复的，“羞怯的大学生”中有 52%，“羞怯的成年人”有 67%，而“自信的大学生”里仅有11%。

“母亲在孕期也在工作”对这一条做出肯定答复的，“羞怯的大学生”和“羞怯的成年人”的数据均为0，而“自信的大学生”里有10%。

“虽然不工作，但有正常的社交生活”，对这一条做出肯定答复的，“羞怯的大学生”中有48%，“羞怯的成年人”有33%，而“自信的大学生”里，这一数字达到79%。

“成长期时母亲忙于工作”，对这一条做出肯定答复的，“羞怯的大学生”中有67%，“羞怯的成年人”有77%，而“自信的大学生”里仅有19%。

估计类似的结果，还会出现在偏执性格和有抑郁倾向的人身上。

“觉得人可怕”是怎么一回事

有两种情况，会觉得人可怕。

一种情况，是害怕被讨厌，害怕被看穿。

另一种，是混杂了心理上和身体上的害怕的恐惧。

关于后者，恐怕除了有恐惧症的人本身，一般人是很难理解的。

蛇令人恐惧，狮子让人感到害怕，这些谁都能理解。但觉得人令人恐惧，普通的人就难以理解了。人又不会像狮子一样咬人。

有女性恐惧症的男人，他们比女人更强壮有力，但他们就是看到女人会感到害怕。

当然，我们这里说的“令人恐惧”指的是一种心理感受。但就算是这样，大约没有恐惧症的人也很难理解这种觉得人很可怕的感受。

但如果我们说“感觉那个人会杀死我，那个人好可怕”，就好理解得多了。

弗洛伊德所说的“俄狄浦斯情结”就是类似这么一回事。

俄狄浦斯情结，是因母亲而产生的与父亲之间的心理纠葛。

弗洛伊德认为，无法解决这种情结，便会产生精神上的问题。[①]

伴随着俄狄浦斯情结的，还有无法处理面对父亲时的罪恶感。

与之相对，如果是女儿，就是厄勒克特拉情结[②]。

---

① 内沼幸雄:《对人恐惧症的人类学》，弘文堂，1977 年，17 页。

② 同上，17 页。

“罪恶感”听起来可能没什么，但根据父亲的情况，它的程度会有所不同。最严重的，会产生“父亲可能会杀了我”的恐惧。

普通人的话，可能伴随着成长，这种情结就自然消退了，不会有什么大问题。

根据弗洛伊德的说法，无法克服这种情结而导致了精神上出现问题，而大多数人精神上没有什么问题，因此可以说明大多数人是成功地使这种情结消失了。

但其中那些患有对人恐惧症的人，他们一直到长大，这方面的心理纠葛仍未得到解决。

因为他们比一般人更难以去解除这种情结。他们的心理纠葛达到了一个很严重的地步。

伴随着俄狄浦斯情结的，还有深深的罪恶感。

而无法解除这种情结，使得罪恶感滋生出了“可能会被杀掉”的恐惧。

当然，这种恐惧是被压抑着的。人会有意识地想要把这种恐惧从脑海中排除出去，而结果是，他们进入了潜意识的领域里。

本人是不会觉得自己在害怕自己将被父亲杀掉的。但这种恐惧感，却存在于这个人的潜意识里。

如果我们能设身处地地考虑这种“可能会被杀掉”的感

觉，或许就能理解他们为什么觉得人可怕了。

对父亲的恐惧进一步扩散到对他人的恐惧。明白了这一点，就能更好地理解对人恐惧症的心理，包括他们为什么害怕与人接近。

如果心怀这样的恐惧，对别人自然就会有“胆怯，警惕和不信任”了。

“俄狄浦斯情结”引致的对人恐惧症

“担心被杀掉的恐惧”，对可以成功消除俄狄浦斯情结的人，也就是普通的人来说，大概很难理解吧。

世界上有的父亲心胸宽宏，有的就是极其普通的人，还有的是专制强势的父亲。

专制强势，也有程度上的不同。

神经症人格的父亲也有很多种。有的程度轻一些，有的就比较严重。

如果父亲有严重的精神问题，那么有俄狄浦斯情节的人，觉得自己可能会被杀掉而感到恐惧，就不足为奇了。

由于父亲的缘故，对人产生了“人好可怕”的想法，也并不奇怪。

根据父亲症状轻重的不同，孩子“胆怯、警惕、不信任”的程度也会不一样。

所以羞怯的人，不敢近人的程度也不一样。

有的人“胆怯、警惕、不信任”的程度轻一些，还可以与人正常地会话。另一些人，则胆怯得不敢靠近人。

从喜欢与人交流的人到见到人就想要回避的人，世界上有各种各样的人。

有的人一张嘴就能开开心心地说个不停，旁观的人甚至会好奇他们到底在讲什么事情如此开怀；而有的人，说话时甚至不敢看别人的眼睛。

“觉得可能会被杀掉而感到恐惧”，单看这句话，怎么都会觉得怪怪的吧。

即使是羞怯的人恐怕也会有这种感觉。

但如果不是这样，要怎么解释他们自己的“胆怯、警惕、不信任”呢？

如何解释他们不敢与人靠近的原因呢？

又是为什么，不敢与人视线相交呢？

怎么解释，他们和人在一起时，感到浑身不自在呢？

为什么不肯表达自己的意见，为什么害怕表现自己呢？

如果要罗列，还有很多需要解释的疑问。

在这本书里，针对上面的疑问，也分别给出了说明。

但最根本的原因，难道不是“觉得自己可能会被杀掉的恐惧”吗？潜藏在一切下面的，都是这种恐惧感。

如果去深入挖掘这些问题，就会发现恐惧的暗河潜流汹涌。

“觉得自己可能会被杀掉的恐惧”，听起来似乎危言耸听，令人难以赞同。但每个人所感到的这种恐惧是程度各异的。

正如“难以表达自己的意见”，也是有各种程度的。

虽然说羞怯的人难以表达自己的意见，但实际上，从完全缄口不言的人，到能表达一些的人，情况还是不尽相同的。

其他人可以正常地表达意见，其中也有格外固执己见的人。

不同的人，他们所体会到的“觉得自己可能会被杀掉的恐惧”，是不一样的。

成为大人的他们，有人已经完全没有了这种恐惧，有的人好像不明原因的还是什么都害怕。

所以，想着“自己的言行为什么会是这样”而讨厌自己的人，不知如何与自己相处的人，可以试着想一想，是不是自己在某种程度上也怀有类似的恐惧。

而这种“觉得自己可能会被杀掉的恐惧”，虽然起源于俄狄浦斯情结，但如果随着成长，这种感觉反倒不断地加强了，那事情就变得危险了。

被欺负的人是无法战斗的人

总的来说，心怀恐惧之人，无法与恶势力作战，所以会被欺负。

在我的书《将温柔变成“力量”的心理学》（PHP 研究所出版）中提到过，欺负人的人，他们是会选择欺负的对象的。

欺负人的人所选中的，是无法战斗的人。

事实上，从 Gilmartin 的调查可以看出，针对“小时候被欺负过吗”这一条，“羞怯的大学生”里有 81% 都做出了肯定答复，而在“羞怯的成年人”中，这一比例达到了惊人的 94%。

“自信的大学生”并没有这种经历。他们中回答“是”的人数是 0。

相差十分悬殊。

“反击了吗？”针对这条提问的回答结果和上面的十分类似。没有反击的人，在“羞怯的大学生”里达到 77%，“羞怯的成年人”里占 94%，而“自信的大学生”中，这一比例为 18%。

从幼童时期到少年时期，怀着“可能会被杀掉的恐惧”的人，在他们成长为大人的过程中，沦落为了欺凌者的饵食。

这样一来，羞怯的人就更不愿意与人接近了。

如果与父母的关系再不好，那恐惧就会像雪球一样越滚越大。

最糟糕的情况，成为对人恐惧症，或是抑郁症的原因也没什么好奇怪的了。

从父母的独占欲衍生出的孩子的罪恶感

孩子会害怕父母，不光是因为俄狄浦斯情结。

有神经症人格倾向，性格强势的父母会对孩子表现出恨意。

这种人具有很强的独占欲。

独占欲强的父母，见到孩子与他的朋友快乐地玩耍，也会觉得不高兴。

一句话来讲，只要是孩子与作为父母的他们以外的人亲近，就会感到不快。孩子若是与他们以外的人去旅行，也会觉得不高兴。

这种有神经症人格倾向的父母，是在试图用孩子对自己的忠诚治疗自己内心的伤口。

他们对孩子的要求会很极端。意外的是，在这方面似乎鲜有著名的精神分析学者研究。

这种对孩子的控制不只限于孩子小时候。神经症人格倾向强的父母，即使在孩子长大后，还会有许多荒唐透顶的要求。

比如说，自己的儿子结婚了，他想要把女方的父母也像他们一样对待，这时独占欲强的父母会真的有想杀人的冲动。

情节严重的程度则取决于他们神经症人格的程度。

我想说的是，这种父母的独占欲，在孩子小的时候就是能够察觉的。

但小孩子还是会想和朋友一起玩，上学后也会想参加各种各样的活动。

他们会想要构筑一个父母并不在里边的，属于自己的世界。而他们在这样做的时候，就会产生罪恶感。

罪恶感的轻重取决于父母神经症人格（独占欲）的程度。

父母独占欲越强的，孩子的罪恶感也会越强。

而父母神经症人格的表征十分明显的情况下，孩子就会有“可能会被杀掉的恐惧”。

当然，这种恐惧是被压抑在心底的。孩子自己不会意识到。

但这种“可能会被杀掉的恐惧”，却支配着他们的心。

恐怕正是因为上述的背景，羞怯的人小时候并没有一个快乐的童年。

从 Gilmartin 的调查可以看出，不少“羞怯的成年人”感到，在他们小的时候，并没有觉得自己可以像个小孩子一样行动。而“自信的大学生”则完全没有这样的感觉。

看数据的话，“羞怯的大学生”有这样的感觉的为 59%，“羞怯的成年人”为 71%，“自信的大学生”为 0%。

想要反抗父母的愿望

有一个被称之为“普罗米修斯情结”的概念。

普罗米修斯是希腊神话中的人物。宙斯并不想把火赐予人类，普罗米修斯瞒着他盗取了火种，给人类带来了幸福。

人小的时候就玩儿火。这是长大过程中肯定要做的事，是躲不开的。孩子小心地瞒过父亲的眼睛，冒着风险玩儿火。

如果是神经症人格倾向强的父母，小孩子大概就没办法玩儿火了。动了这个念头时，“觉得可能会被杀掉的恐惧”真的会冒出来。

那是很强的罪恶感。因为太害怕而不敢反抗父母。而玩儿火也变成了中途夭折的愿望，存在于他们的心里。

精英人士到了四十岁，心中的普罗米修斯开始蠢蠢欲动，被夹在想要反抗父母的心情与罪恶感之间，他们左右为难，有人会以自杀告终。[①]

违抗父母的意志这件事对孩子来讲有多可怕，取决于父母神经症人格的程度。

极度神经症人格的父母，如果孩子表现出想要自立的行为，恐怕真的有可能会发生杀人事件。

父母是以死的觉悟去阻止孩子的自立的。

因为他们的自立，对神经症人格的父母来说，几乎是生死大事。

极度病态的父母，他们只有独占孩子，才活得下去。光是这一点，孩子细微的言行举止，就会对他们的心理造成很大的冲击，会因为很小的一句话而被激怒。他们就是这样在乎。

极度病态的父母在人际关系上存在许多的问题。

当然，他们不具备去解决这些问题的能力。但是，如果不做些什么，就难以继续生活。

他们需要感情寄托，于是孩子就登场了。

家里没有垃圾箱的话，就无法保持干净。孩子就这样成为了这样的父母的垃圾箱。

---

① 河合隼雄《情结》岩波新书，1971 年，第 148 页。

将孩子的心杀死的父母

有一位精神上存在问题的父亲，他与妻子的关系不好，憎恶自己的妻子。

但他的弱小使他无法意识到这一点。在无意识的情况下，他对妻子的厌恶与日俱增，总是很烦躁。

而他的烦躁，释放给了孩子，借此可以减轻这种情绪。

这样的父母，他们心里也是很痛苦的。总觉得“应该做些什么”，变成了“责任的暴君”。

而通过把这压力转嫁到孩子身上，他们会好受一点。

这就是在精神分析方面著作等身的 Karen Horney 所说的“责任的外化”的现象。这种将责任推卸到孩子身上的行为会束缚孩子的心灵。“责任的暴君”一词也是她所提出的。

这种情况下，父母就变成了孩子的心灵杀手。

而神经症人格的父母，通过孩子维持着心理上的平衡。一旦失去了孩子，就活不下去。

因此，一旦察觉到孩子有类似普罗米修斯那样想要反抗的倾向，神经症人格的父母就会有想要杀人一般的恨意。

换句话说，重度神经症人格的父母要维持生存，需要这样一个扮演“情绪吸尘器”的顺从的孩子。

而从孩子的立场来看，感受到“可能会被杀掉的恐惧”

也就不奇怪了。

但是这种顺从的孩子，是无法面对自己怀有“可能会被杀掉的恐惧”这件事的。

即使潜意识里对父母既害怕又厌恶，他们仍会有意识地努力去树立父母的光辉形象，想要试图去感谢父母。

但无论他们怎样刻意去这样想，“可能会被杀掉的恐惧”在他们的潜意识里挥之不去。

一个性格温顺的儿子与妻子的双亲一起去旅行时，会梦见自己的父亲手持利刃地追赶自己。

醒来时，还清楚记得父亲手持利刃试图攻击自己的样子。

还有人梦见自己被父亲关进幽暗的小屋，放毒蛇来咬自

即使潜意识里对父母既害怕又厌恶，他们仍会有意识地努力去树立父母的光辉形象，想要试图去感谢父母。

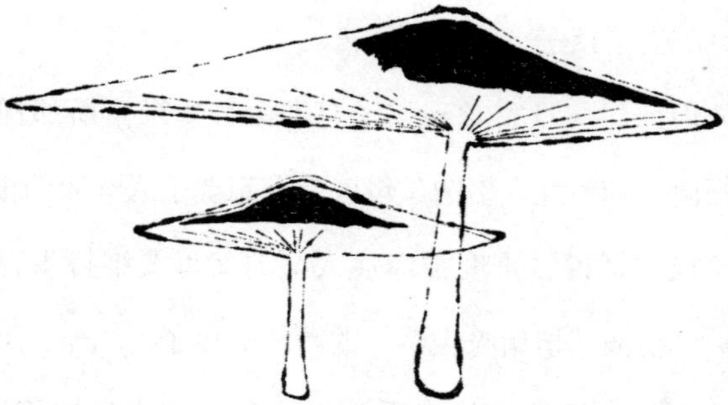

己，然后惊恐地醒来。

也就是说，这次旅行，是忤逆了一直以来独占着孩子的父亲的意志的。

还需要注意的是，梦中他们即将被杀死之际，是没有人保护他们的。

也就是说，在孩子与家长的关系扭曲的同时，这个孩子周围的人是冷漠的。包括母亲在内的周围的所有人，将这个孩子当作他神经症人格的父亲的活祭品一样推了出去，保证了自己的安全。

这个孩子身边，包括他的兄弟，围绕着的都是这样一群冷漠的人。他自己甚至都没有注意到这些。

这样的家庭往往还把“家庭的爱”挂在嘴边，大加赞颂。

孩子的意识会做出家里是“和睦的”的判断。但无意识中隐隐地感觉自己是一个人。

也就是说，意识上觉得“家族和睦”，但潜意识里感到深深的孤独。

这些成为了活祭品的孩子，可能会变成羞怯的人，或者是抑郁症患者之类的具有心理疾病的人。

在爱中长大的孩子 VS 在责备中长大的孩子

在爱中长大的人，和他们说什么父母厌憎孩子，责骂孩子，或是对孩子怀有恨意，他们是难以理解的。

但如果说有的母亲会因为孩子考试落榜而责备他，总会好理解一点。

是有这样的母亲，在孩子因为考试不及格而伤心时，责备他们说:“为什么之前不更加努力学习呢？”

那么为什么要在孩子已经感到伤心时，还要责备他呢?

一般来说，当孩子伤心时，作为母亲应该安慰和鼓励他才对。

责备他们，是因为母亲想要通过孩子的优异成绩来安抚自己的心。

这种母亲，很可能是在小的时候，有过屈辱的体验，在心上留下了伤痕。想通过孩子的成功来治疗自己的心，但却落空了。因此才会做在孩子的伤口上撒盐的事。

也许那个母亲在自己的亲族中家境最为贫困，当大家聚在一起时，总感到难堪。

这种时候恰巧有个不错的孩子。可以通过孩子的成功报复曾经看不起自己的亲戚。她会希望孩子可以被亲戚中谁的孩子也考不上的名校录取，但孩子却失败了。因此母亲才会责备已经很伤心了的孩子。

世界上就是有这样无法容忍孩子的失败的母亲。

因为她们需要孩子来治愈自己受伤的心。

说得抽象一点，母亲在寻求孩子的爱。

我们总会认为，只有孩子会寻求父母的爱。这是很大的错觉。

在缺乏母爱守护的孩子方面的研究上有名的Bowlby所提到的“亲子角色逆转”，说的就是这个。

神经症人格倾向严重的父母，会执拗地索求孩子无条件的爱。如果得不到孩子这样的爱，就会厌憎、责骂，甚至痛恨孩子。

所以这些被恨着的孩子，大多数都性情温和，表现优异。

神经症人格的父母会选择抛弃做得不好的孩子。这样的孩子对他们并没有用。

他们无法拿这样的孩子来报复世间，因此也无法获得心理上的治愈感。

世界上有的孩子是被爱着长大的，而另一些，则被父母索求爱用以治愈他们的伤痛，结果以失败告终，在来自父母的恨意中长大。

有的孩子被精心培育，有的孩子被粗暴地对待。

受伤的时候，有的孩子可以从父母那里获得治愈，而另一些，父母往他们的伤口上撒盐。

所以如果把世上的亲子关系都等同化地来考虑，想要对此进行说明，那就会越发困惑于人性。

俄狄浦斯情结也好，普罗米修斯情结也好，人们存在各种各样需要去解决的心理问题。

有的人长年挣扎，拼命努力，有的人以失败告终，选择结束自己的生命。

还有人从未意识到这些，稀里糊涂地过一生。

像羞怯的人这样，只要与别人待在一起就感到不自在的人大有人在，同时，喜欢有人陪伴的人也比比皆是。

自我意识过剩，眼中看不到别人的羞怯者，与认真观察对方的人，并存于世。

决不屈服

“觉得可能会被杀掉的恐惧”是潜藏在厚厚的冰层之下的。

就像冬天结冰湖面下的游鱼一般，活生生地存在于那里。

冰层是难以融化的。

但就像冰雪消融，春天到来一样，在顽强的意志力的努力下，有一天“觉得可能会被杀掉的恐惧”会浮出水面，出现在表层意识里。

当对这种恐惧有所意识时，春天就来了，人会变得幸福。

他们不会再那么害怕人，可以说出自己的意见，能够寻求别人的帮助，可以与人交流，敢于表现自己的感情。

那是俄狄浦斯情结与普罗米修斯情结消亡的时候。

到了这个时候，心理上的问题就可以得到解决，羞怯的人将不再羞怯。

上面说的冰层，它的厚度因人而异。

有的像北极的冰雪一样厚，有的只是若有若无的一层薄冰。

但并不是说冰层厚就一定不好。

北海道的春天和冲绳的春天哪一个更美呢？哪一个会更让你有“啊，春天来了”的感动呢？这也是因人而异的。

原本住在东海岸波士顿的人，觉得西海岸的洛杉矶气候更加宜人，搬去了洛杉矶。

确实，常听人说洛杉矶的气候好。

但是波士顿郊外的湖上坚冰解冻时那种“啊，春天来了”的感动，在洛杉矶是体会不到的。

成为哪一种，是命运决定的。

“觉得可能会被杀掉的恐惧”，对有些人来讲，是天方夜谭。而另一些人，就是在这样的环境里战战兢兢地长大的。

前者对于自己生活的环境，心怀感激就好，而后者需要努力克服和跨越。

当克服了一切时，会感到一种“终于活过来了”的实感。

那是什么都替代不了的。

那是无法通过名誉、权力、金钱得到的一种感动的体验。

但需要付出的是巨大的能量。

丘吉尔在与希特勒作战时有一句名言叫“Never give up”。

那是“永不放弃”的意思。

我这里想把它翻译成“决不屈服”。

在与命运的作战里，决不屈服。

对于自己生活的环境，需要努力克服和跨越。
在与命运的作战里，决不屈服。

人是循序渐进地成长的

父母的不安会传递给孩子

一个小孩子想戴假发，就把假发戴在了头上，然后又涂了口红。

看着他的母亲不禁被逗笑了，这大概持续了一周，孩子就不玩了。

因为他的欲求得到了满足。

这个孩子是得到认同的，是有自信的。

小时候玩够了泥巴的人，不会一直玩泥巴。

孩提时代发现了秘密基地，会很开心。

小孩把脏兮兮的石块当作宝物一样藏在那里，一会儿取出来一会儿放回去，感到很高兴。

但慢慢地，他可能就丧失了兴趣，发现了其他让自己开心的事情。小孩子就是这样成长的。

孩子的后面，是散步的母亲。孩子相信母亲会一直在后面跟着自己，很安心。

这样的孩子，如果有他们不愿意做的事情，不会有觉得自己拒绝了就会被讨厌的想法。

Zimbardo 认为，“对性的关心被压抑的结果，就是变成了羞涩的人”。

但如果因为对性的关心被压抑，而导致面对异性会很羞涩，是好理解的。难以解释这会使他们连表达自己的意见都做不到。

导致这个结果的，是使得“对性的关心被压抑的环境”和“觉得可能会被杀掉的恐惧”，这两种现象产生的环境。

比起“对性的关心被压抑”这件事本身，不得不压抑对性的关心，这样的环境才是使人变得羞怯的原因。

羞怯是一种症状。是“因本我的基本欲求没有得到满足而产生的一种表征反应”[1]。

虽然是这样的，但如果只是欲求不满，人的表情难道不应该是类似不满的感情吗?

---

① “It presents a reaction to the unfulfilled primal wishes of id.” Philip G. Zimbardo, *Shyness*, Addision-Wesley Publishing Company, 1977. 木村骏、小川和彦译《羞怯〈1〉腼腆的人》，劲草书房，1982 年，76 页。

羞怯反映出的是“本我的基本欲求没有得到满足”，但欲求没被满足并不会直接导致羞怯，造成“基本欲求无法被满足”，“可能会被杀掉的恐惧”这样的环境，才是根本原因。

而恐惧又滋生出了“胆怯，警惕，不信任”，所以说“胆怯，警惕，不信任”是羞怯者的特征。

也就是说，正如 Zimbardo 所说，在那样的环境中被养大的话，就会变成难以与人亲近，无法表达自己的意见或是表现自己，不知如何处理时就会选择回避，难以向别人寻求帮助的人。

以这样的反应示人，无法实现沟通，被孤独和忧郁缠身也是很自然的。

最后，就像 Zimbardo 所说的，羞怯的人很容易发展成抑郁症。

也就是如下面所示：

“对性的关心被压抑”→“基本欲求没得到满足”→“觉得可能会被杀掉的恐惧”→“胆怯、警惕、不信任”→“难以与人亲近”。

在小孩子想要被娇宠的时期，就以优秀的孩子的标准来要求他，那么孩子想要撒娇任性的欲求就没有被满足过。

羞怯的人即使不想再羞怯下去，也不是说停下就能停下的。

如果根本的问题没有得到解决，只是想要停止羞怯的言行，也是治标不治本。硬来的话，反倒会加重心病。

被抛弃的自我，会导致无法对应不确定性的恐惧滋生。[①]

母亲没有起到保护者的作用。

父母自身的不安，是会传递给孩子的。

所谓自我，是使构筑人际关系成为可能的机能。[②]

当父母没有这种机能时，孩子会感觉自己被父母拒绝、被抛弃。

由于被父母拒绝而引起的伪成长

有人对摇着尾巴的小狗都视而不见，因为他们的心思都放在了观察自己身上。

这样的心态，再加上内心纠结，这样的父母是不具有爱

---

① "This abandoned ego later produces a dread of not being able to cope with uncertainties of life. *Shyness*，《羞怯〈1〉腼腆的人》。

② Rollo May，*Man's Search for Himself*，小野泰博译《寻找丢失的自己》诚信书房，1970 年，第 92 页。

的能力的。而孩子，会认为这是因为“自己不值得被爱”。

孩子只有在与母亲的关系里得到满足，才能试着离开母亲。心理上离不开父母，正是因为在亲子关系里没有得到满足。

这种情况下，强行让他自立，就会产生心理上的问题。

依存性需求得到满足，才可以自立。依存性需求没被满足的时候就要求孩子自立，就会产生心理障碍。

孩子觉得被父母拒绝的时候，更会抱紧父母。他们的依存性需求没有被满足就强求他们，只能通过生硬的办法来迫使他们独立。[①]

欲求没有得到满足时，强迫他们放弃，心就会生病。

恐怕性格偏执的人和羞怯的人等疑似成长的人，就是因为常需要勉强自己，才觉得人生不快活吧。

在 Gilmartin 的调查里，针对“常常笑”这一条，“羞怯的大学生”里只有 22% 选的是，“羞怯的成年人”为 6%，而“自信的大学生”为 100%。

勉强自己，总会有藏不住的时候。

人是循序渐进地成长的，个性也是在成长的不同阶段逐渐地养成的。

---

① 同前书，87 页。

女儿与父亲的关系得到清算，才能够开始恋爱。

父亲与母亲的关系破裂，女儿与母亲相依为命，互为寄托。父母关系不和，孩子与母亲互相依存的情况并不少见。

女儿长大以后恋爱了，自然会不顺利。

那是因为这个女性与她父亲的关系并没有得到清算。女儿对父亲，有压抑着的爱与恨。

即使强迫自己去放着这件事不管，恋爱也难以顺利。

人的成长是有序的，无论是儿子还是女儿都一样。

作为个人，没有从母亲那里得到认同，没有被接受、被赞扬，没有得到必要的保护，那么这样下来，就自然会变成一个警戒心强的人。即使被人亲切对待，也觉得怪怪的，会警惕别人的好意。

原本，应该是具有保护自己的能力之后再保护自己。但这样的人，在他们还不具备这样的能力的时候，就努力这么做。他们并不清楚应该怎么保护自己，就这样一路跌跌撞撞至今。

羞怯的人也想化身纳西瑟斯，大讲特讲自己的事情，但却变成了倾听母亲的不幸的垃圾桶。这样的孩子，乍一看是个好孩子，但感情上并不是真的成熟。

他们并没能从父母那里获得对真实的自己的确认。

当孩子说着“我回来了”进屋时，希望有人回应自己“回来啦”。如果没有，会感到自我价值的虚无。

自己的存在得到确认，是心理成长的第一步。没有得到确认的话，到了该自立的年龄，只能硬着头皮去自立，然后他们就会不停地观察自己。

羞怯的家长更容易发现孩子的害羞。母亲尤其敏感。[①]

这是为什么呢?

那是因为这样的家长是爱的索求方。他们希望孩子可以关心自己，安慰自己受伤的心灵，但却没得到这样的安慰。

“外界的每一个人，甚至是母亲，都是宗教审判官一般的存在。”[②]

父亲那边的俄狄浦斯情结还没有消解，母亲又是宗教审判官一样的存在，这种环境下长大的孩子不可能没有什么问题。

这种情况下，怀着恐惧的他们只能通过讨好周围的人来自我救赎。希望可以得到外面的人的赞赏。

为了感到“我是被喜欢着的”，而总是压抑自己的愿望。

---

① *Shyness*《羞怯〈1〉腼腆的人》，106 页。

② Everyone out there is a potential Grand Inquisitor, even mothers. ibid., p.58.

同时也压抑着因此而产生的愤怒。

一颗“我相信”的心

感到周围充满了敌意，和没有这样的感觉，日常生活的愉快程度是天差地别的。

感到自己被怀疑，就会每天都很紧张。觉得周围的人没人怀疑自己什么的话，就能放松地享受生活。

同样是学生，上同一所学校，每天在同样的天气里听同一个教授的课，在同一个食堂吃饭，参加同一个社团，即使这样，不同的心所带来的体验也是截然不同的。

一边，是每天悠闲度日，享受学生生活；另一边，每天焦虑紧张，心中不安，总是感到焦躁，好像被什么追赶一样。

然后有一天，就习惯了被不知什么追赶着的生活，以为生活就是如此。

人类的幸福不在于外界的条件，而在于心的感受。

如果被性情多疑的父母养大，即使住豪华的房子，开法拉利，穿阿玛尼的西装，在有名的餐厅吃饭，也是不幸的。

即使享受着这些，心里也会充斥着不安，不知道这一切什么时候会消失。总是觉得焦躁，想把后面的事情赶紧做完。

无论做什么，总觉得自己做的都是不好的事情。总被怀疑的话，就会变成这样。

因此即便自己做的并不是什么坏事，总要想着去证明这一点。这就是他们总挂在嘴边的“没必要的借口”。

这是被爱着长大的人难以相信的感受。

被疲惫感和负罪感包围的人，和相信周围的人会因为自己的幸福而开心的人，他们的差别简直不像是同为人类，更像是两种不同的生物。

羞怯的人，因为小时候常常被批判，失去了相信他人的能力。他们的这种能力被破坏掉了。

周围疑心重的人到处都是，实际可信的人却一个没有。还有更糟的，没有一个人可以守护自己。

这样成为了大人以后，周围的人出于对自己的帮助而做出提醒，也无法相信他们的善意。只会觉得是在责怪自己，没什么好开心的。

他们无法认为对方是出于善意而提醒自己。就算他们这样想了，也无法这样去感受。总是被责备的话，意见也会听成是谴责。

他们无法去相信这个出于善意提醒自己的人。他们只能感到对方是在恶意刁难。

羞怯的人，他们无法相信周围人的善意。事实上，他们小时候身边并没有心怀善意的人。

于是他们成为大人之后，对于善意的提醒也感到不高兴，“为什么一定要刁难我呢”，他们不满地想。而这种愤怒的情绪，也不会表现出来，而是藏在心里。

成为大人之后，环境发生了改变，周围都是善良的人，但这种情况下，他们仍然不高兴，把自己封闭起来。

周围的人完全搞不懂他们为什么不高兴。

周围的人明明是为了他们好，说“这样做更好”，但他们感到的是“怎么没这样做？”，他们只会听成是对自己的非难。

“总是看起来怒气冲冲的，会被人讨厌的哦”，听到这样的话，就会认为是在刁难总是面色阴沉的自己。

无论是谁，顺从地接受别人的忠告，都不是件容易的事。因为每个人都希望自己可以获得别人的认同。

明明想要被认同，却被批判了，自然会不高兴。但认为对方是为自己着想而说的，和认为对方是刁难自己而说的，当然是不一样的。

如果可以相信对方的善意，就能从善如流地去反省自己的行为。心中并不信任对方却去反省，那只是迎合而已。

羞怯的人没有一颗相信别人的心。所以他们没有真正的反省过。

羞怯的人需要的，是“我相信”的决定。

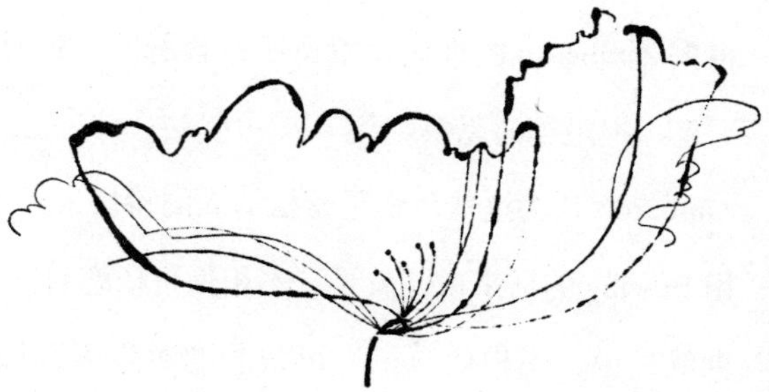

他们会把别人善良的言行也理解成是对自己的非难。

结果，交往的就都是偶然碰见也能夸夸其谈说些言不由衷的漂亮话的人。

真正为别人着想的善良的人和诚实的人，与他们相处得却并不愉快。

羞怯的人需要的，是“我相信”的决定。

家庭对于孩子的意义

无论自己是怎样的人，都能接受自己的地方，就是家。自己的独立人格被养成的地方，也是家。

相信人的能力，也是在家里被培养出来的。

明明家庭应该是孩子在外面受了伤可以回来疗伤的地方，却被心思都放在解决自己的心理问题上的家长抢占了空间。

根据 Zimbardo 的理论，羞怯所包含着的，是对自己被抛弃、无视、拒绝等的恐惧。[①]

Zimbardo 认为这些恐惧是羞怯的人的特质。

用 Bowlby 的话来说，就是“不相信可依恋对象的存在”。

也就是说，不相信自己有可依恋的对象可以接近，有人总是可以回应自己。

害怕“被无视”和“被拒绝”，是因为心理上无法独立生存。

想要被保护，想要被认可，有着这种孩提时期的愿望，才会害怕这样的事情。

想要被保护，却遭到拒绝。想要被认可，却遭到无视。受到了伤害，才会这样害怕被无视和被拒绝。

想要抱紧对方。这就是 Bowlby 所说的“不安性依恋”。因为不安，才想要抱紧对方。不安的孩子，才会紧紧地环住母亲。

如果幼儿时期的愿望得到满足了，那么就算被无视，或是收到低评价，也不会觉得是多大的事。

而羞怯的人，他们长成了大人，愿望却还没有得到消解。

---

① “The dread of being overlooked, ignored, rejected. This dread is a hallmark of the extremely shy.” *Shyness*《羞怯〈1〉腼腆的人》，78 页。

自我意识过剩

感兴趣的对象是自己

自我意识过剩的羞怯的人，他们关心的对象，只有自己。

自我意识过剩的人在“自己”这张画布上作画。但因为不认为自己有绘画的才能，因此害怕别人评价自己画出的东西。

但他仍有好多想要画的东西。

自我意识过剩的人，他们没办法与人打交道。他们无法与对方接轨。

在一段关系里，自己首先要觉得舒服，然后要让对方也感到愉快。

而自我意识过剩是怎么一回事呢？他们会开着车，想“那个建筑物，觉得我车开得怎么样呢”，边开着边在意着这样的事。

自我陶醉也是一样。眼中看不到对方，无法与对方交流。

这样一个羞怯的人坐在副驾驶席，没意识到驾驶的人在专注于开车，开始不停地吹牛。然后开始留心观察驾驶的人是什么反应。

可以与自己良好相处的人，与别人接触时也不会有自我意识过剩的现象。

而羞怯的人，会不停地在意，是否自己脸红了，话说得好不好，是否太得意忘形，自己的身体状态怎么样，对方觉得自己怎么样。

自我意识主要聚焦在否定的那一面。

与人说话时，想着自己的声音过尖、个子矮、音痴、力气小、容易感到疲惫、记忆力差，等等。

羞怯的教授在上课时，关注点不在学生身上，而是在学生觉得自己的课讲得怎么样上。

另外，掩藏自己烦躁的情绪是需要耗费精力的。

于是，就像前言部分提到的那样，像是把自己裹在一团被子中，只能在里面喃喃自语一般的存在。

但这并不会减轻他们心中的不满。所以，有的人可能就会得抑郁症。

他们大概从未和父母撒过娇吧。相反，常常需要面对父母的情绪需求。

于是他们常常把自己想说的话埋在心里，忍耐着不说。想要做的事，也忍着不去做。

羞怯的人，想唱歌却无法开口，想跳舞却不敢动作。

想说“喜欢”，却说不出。

想说“好漂亮”，却说不出。

想说“不要”，却说不出。

想发脾气，也发不出。

想说“想要那一个”，也没能说出口。

压抑着的有时是爱，有时是厌恶。他们的不满有时是被压抑着的，有时他们自己也会意识到这一点。这些被压抑着的感情何时能浮出水面，谁也不知道。

而他们也会担心，这些被压抑着的感情会不会被人看出来，就导致了自我意识过剩。

那么，为什么要忍耐着这一切呢？是因为“担心会被杀掉的恐惧”。

他们的生存环境，使得他们出现了类似无法表达自己的意见的诸多症状。

关于“担心会被杀掉的恐惧”，就像我们已经说明过的那样，程度由轻到重，有一个很广泛的范围。

如果俄狄浦斯情结和普罗米修斯情结始终得不到消解，心中始终怀有“担心会被杀掉的恐惧”，会怎么样呢？

恐怕很难不变成自我意识过剩的人吧。

想要不被杀掉，就必须讨对方的喜欢。因此，就会十分在意对方对自己的看法。

想要不被杀掉，就绝不能乱说话触怒对方的逆鳞。

只要有这种恐惧，就难免会变成自我意识过剩的人。

席卷心底的不满

由于欲望得不到满足，感情又存在冲突矛盾，使得他们心中十分混乱，总是感到纠结和不满。

这会导致怎样的结果呢？

结果就是，一丁点小事的刺激就会使一直以来被压抑着的不满喷薄而出。

系不好鞋带，想吃的菜没有上，没联系上想联系的人，在店里没有找到自己想要的东西——这些鸡毛蒜皮的小事，就可能令他们忽然之间大发雷霆，或者是非常不开心。

有早上出门时发现鞋子上有污渍，就嚷嚷着人生到此为止的丈夫。还有出门时发现白衬衫上有个扣子掉了，就陷入恐慌的丈夫。

他们有自己的一套理论——可能会因此而迟到；穿这样的

衣服真是太丢脸了，会被公司开除的；吃不下饭了。他们会对妻子发泄：“都是你的错！”

我在一个人们会打电话进来寻求人生建议的广播栏目做嘉宾，发现有时真的会有一些令人难以置信的事在各种家庭里上演。

这是为什么呢？

问题并不在于，上班要出门时发现有个扣子掉了。

那些没有被表现出来的受挫的欲望和感情，才是问题的本质。

一瞬间就心情跌落谷底，忽然间就不分场合地大发脾气的人，他们生活的每一天里都有许多不满堆积在心中，已经积累到了一个地步。

即使是平稳无事的时候，心底也被不满席卷。那些不为人所知的受挫的欲望，在心底翻腾。

但平时，他们常被其他的事情分散了注意力，没有一个爆发的契机。这时被一些琐事所刺激，不满就一下子爆发了。

一点点小事就会恐慌。吃饭时有一点不满意的地方就掀桌子的父亲的故事，常常可以听到。

因为一两句无足轻重的话而怒不可遏，手脚并用的施暴的丈夫，也常常出现在各种话题里。

但是在外面，他们就像寄居在别人家里的猫一样，是个老实巴交的羞怯者。

席卷他们心底的，是从未表现出来的受挫了的欲望。

早在那些琐碎的小事发生之前，他就已经是愤怒的状态了，早就是不开心的状态了。

但他们无法将这些表现出来。

而给了他们把心中的不满表现出来的机会的，可能是扣子掉了的白衬衫，系不好的鞋带，迟迟不上菜的一顿饭，或是无足轻重的一句话。

受挫了的欲望就像活火山，不停地喷发。只是为了维持社会上的体面，才压制住了它。

妻子无法理解丈夫为什么会因为那么点小事而大发雷霆，为什么会因为那一两句话而怒不可遏。

他们小时候，基本的欲求没有得到满足。

小孩子有小孩子的欲求。在完全没有得到满足的情况下，小孩子长成了大人。

因为对方脱口而出的一句善意的话，而愤怒爆发的人，他们小时候的愿望从未得到过满足。

有的人性情急躁易怒，会对特定的人大发脾气，他们是在试图重启那些受挫了的欲望。

“这样说起来，小时候也是……那个时候，还有那时也是……”试着回忆一下，就会想起那些忍耐着的瞬间。

如果自己那时的欲求得到了满足，是不是就不会发生忽然一下子就大动肝火的事呢？

“那个时候，感觉不舒服。但没有吵架，也没能还嘴。”然后就变成了无法表达自己意见的人。

无意识之间，这些懊恼就成为了记忆的一部分。

如果有意识地去记住一件件令自己后悔懊恼的事，那么人生会变得更难挨吧。

因此为了守护自己，变得对任何事情都缺乏兴趣。为了不受伤害，将自己的感情抽离出来。

慢慢地，就好像什么也感觉不到一样。那是你自身对世

基本的欲求没有得到满足，忍耐着，无意识之间，这些懊恼就成为了记忆的一部分。

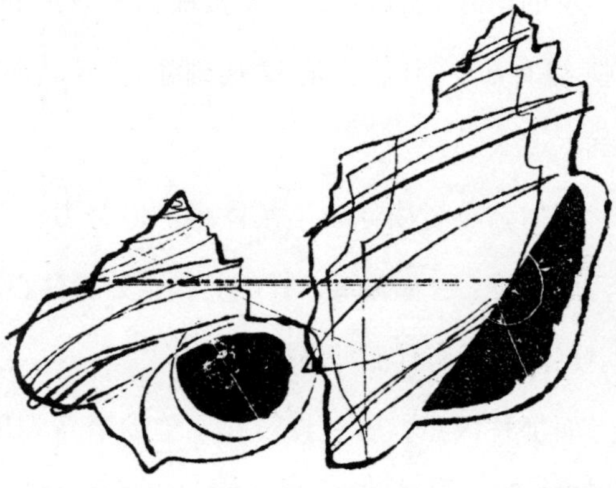

界的防御，然后就会变得自我执着，对别人失去兴趣。

但那些懊悔的瞬间，无论你怎样刻意地不去感受它，潜意识里还是能感知到。

没能表现出来的攻击性，以一种凄惨的姿态残留心底。

自我防御，也是刻意表现出来的样子。潜意识里，是受挫的欲求席卷心底的悲凉。

那些受挫了的欲求，最终会向方便的对象发泄出来。羞怯的人，会欺负弱者。

那是他们心底的愤怒的爆发。

潜意识里积攒的恨意

小的时候，你的欲求被无视，不甘心得连杀死对方的心情都有了。但这种心情被刻意压制，消失在了意识的层面。

例如，小时候你为了某件事拼命努力，但却没有得到认可，反而被大家像傻瓜一样嘲笑，十分不甘心，仇恨对方。

但是，没有什么能做的。

而那种恨意，就这样留在了你的潜意识里。虽然意识层面没有记住，但潜意识里是有着这样的记忆的。

然后成为了大人，某次，对方做出了与你的期待相反的事，这触怒了你的神经，令你大发雷霆。

那是因为在你潜意识里受挫了的欲求，或者说强烈的恨意被刺激出来，向面前的人喷薄而出。

害怕的话，这种恨意就会持续积攒在潜意识里。

而那些对你潜意识里受挫的欲求一无所知的人，他们会觉得你的愤恨来得莫名其妙。

“为什么因为这么一点小事就大动肝火呢？”他们觉得十分不可思议。

你真正无法释怀的，是过去，那些对你的努力冷嘲热讽的人。是过去那些，用嘲笑你来填补自己内心的黑洞的人。

但那些都从意识的层面消失，留在了潜意识之中。最后眼前的人成为了发泄这种愤怒的出口。

大多数情况下，曾经嘲笑戏弄你的人，是你害怕的对象，而眼前的人，他们不令人害怕，甚至还会迁就你。

而积攒的挫折感无处发泄的人，最后大概就会变成抑郁症。

这样说的话，就会理解为什么 Zimbardo 说羞怯的人容易罹患抑郁症了。

抑郁症倾向强的人，做什么都不开心，也是一样的道理。

只要受挫的欲望还那样存在于潜意识，那么做什么都很难开心。

潜意识里积攒的愤怒和懊恼，会在各种各样的时机表现出来。

羞怯的人有很多想做却没能做成的事，令他们感到懊悔的事情数不胜数。他们总是不断地做有违自己本性的事。

当事情没有按照自己的预期发展时，有人会陷入恐慌。他们是心理不安定的人。

事情不可能总是像预期的那样发展。就是会有一些意料之外的状况发生，使得原本计划做的事情泡汤。

而事情的影响会很大。这种时候，就会陷入恐慌。

不过，像这样心里不安定的人，实际上原本就由于心中受挫的欲望而处于恐慌状态，只是表面上伪装成平静的样子而已。

在他们的意识里，认为自己是心理安定的状态。如果没有什么预想之外的情况发生，倒是也不会出现什么状况。

但是，他们的潜意识其实是混乱不堪的。在出现麻烦事儿的时候，这种混乱就会浮现出来，使得他们情绪失控。

其实理智上明白即使着急也没有办法，也清楚人生就是常常会有这样那样的情况。

但是，就是难以控制自己的焦灼。

就像十分看重名声的人，在出现问题、事情无法顺利进展时就会陷入心理上的恐慌。

因为“无论怎样都必须做的事”无法实现了。

“无论怎样都必须做”这种思考方式本身就是带有强迫性质的。不去做就无法释怀。也就是说，如果做不到，潜意识里的混乱就无法收场。

会忽然暴怒或者陷入沮丧情绪的这种性格不稳定的人，他们心里是有着受挫的欲望的。

比如幼儿时的愿望原本以为可以实现，但是却没能实现，就形成了受挫的欲望。并不是单纯的愿望没有得到满足，而是原本以为可以被满足但却落了空。

会忽然暴怒或者陷入沮丧情绪的这种性格不稳定的人，他们心里是有着受挫的欲望的。

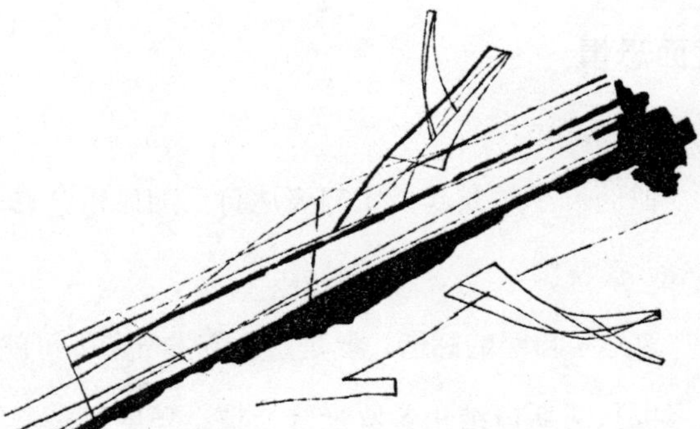

受挫的欲望，往往与屈辱的经历相关联。想要做成一件事却没能做成。想要排遣心中的懊恼，却无论如何也无法让心情放晴。

这时，最先想到的就是放弃。

为什么时有大企业的精英员工患上抑郁症，精英公务员自杀的消息呢?

那是因为虽然他们是社会意义上的成功者，但心理上早已承受了挫折，只是自己没有意识到自己心理受挫的状态。

想要获得内心的安定，需要意识到挫折，然后去处理它。

仅凭社会意义上的成功，无论这成功有多大，对于潜意识里受挫的欲望都是于事无补的。

直面恐惧

他们自小时候起，比起表达自己的感情，总是把讨别人欢心放在首位。

表达了自己的感情，要是惹对方生气了那可就糟糕了。

俄狄浦斯情结和普罗米修斯情结里的那种“觉得可能会被父母杀掉的恐惧”是他们一切人际关系的起点。

他们把使他们产生这样情结的父母作为参考，认为每个人都是这样的。

因此才会对其他人产生毫无根据的恐惧，因为觉得人可怕而不敢流露出自己的感情，变得自我意识过剩。他们无法自然地与人搭话，或是拜访人什么事情，或是与人一起坐下来喝茶。

只要与人在一起，就无法放松。只要与人在一起，就会陷入不明原因的紧张和不安。

“与人在一起感到不舒服”是羞怯的人的特征。正是因为恐惧感才会这样。

如果不感到恐惧，有人做伴本该是件快乐的事。

因为恐惧，无法主动接近别人，与人交朋友。

要先搞清楚自己究竟害怕的是什么，然后直面它。

羞怯的人想要告别羞怯，必要的一件事就是，主动直面恐惧。

这并不简单地指，患有“女性恐怖症”的人要去与女性相对，而是要先搞清楚自己究竟害怕的是什么。

有的人害怕女性，有的人就是觉得人可怕，有人不敢进入都是人的房间，有人不敢在广场的正中间走路，有人害怕马，可以说，恐惧也是有很多种的。

大多数情况下，其实怕的都不是那件事物本身。

就像活跃在纽约的精神科医生，美国著名心理学学者George Weinberg的案例中的那个人，他实际上害怕的是父亲。他把对父亲的恐惧转移到了马的身上。

真正害怕的，是什么呢?

思考这个问题，或许能帮助自己更加了解自己的样子，了解被母亲拒绝的自己是怎样一个人。

感到害怕，就千方百计地避开令自己害怕的对象。

这样的人，是最容易被居心叵测的人利用的。

试图通过压抑自我来获得被人的喜欢，对于别有用心的人来讲，没有比这更方便的利用对象了。

也正是因为这样，羞怯的人身边总是聚集了很多有心计的人。

羞怯的人不知不觉间就养成了这样的人际交往模式，然后因此而每天心底都有不满积攒。

在他们自己尚未意识到的时候，便已经积攒了数不尽的不满。

这不可能不对他们的性格造成影响。在旁观者看来，都会觉得他处于紧张的状态，给人一种硬梆梆的印象。别人也看得出他们无法放松。

为了让上司满意而总是压抑自己。对于上司来说，他们是忍耐性好的部下。

为了被部下喜欢而总是压抑自己。对于部下来讲，他们是好说话的上司。

为了被恋人喜欢，总是压抑自己。

羞怯的人总是想着怎么表现能合对方的意。然后就由于自我意识过剩而消耗大量的能量。

从“该做”的咒语中解放

在说明心理问题时，有个经常出现的表达——“本我与超自我的冲突”。

Zimbardo是这样解释羞怯的，“羞怯是从‘本我与超自我的冲突'之中产生的症状”。[1]

问题在于冲突的内容，或者说是超自我的内容。

关于超自我，我认为重要的一点是，它包括了恐惧感的部分。

抑郁症的人，在他们本我与超自我的冲突之中，超自我战胜了本我。实际上，他们的本我正是被恐惧打败的。

比起“想做的事”，“该做的事”占了上风。“该做的事”之所以能占上风，是因为恐惧的存在。总是做“该做的事”，逐渐地就会忘记自己原本想做的是什么。也难怪会变成对一切都打不起精神，没什么兴趣的状态。

如果意识规范是建立在爱之上的话，就不会变成“该做”的暴君。

但意识规范如果是建立在恐惧之上，就会变成“该做”的暴君。

根据Zimbardo的一项针对羞怯者的跨时十年的调查，25%的羞怯者是在青春期以后才变得内向的。

而在青春期之前，由于畏惧父母，会在表面上做出活泼

---

① Thus, the basic conflict between desire and deprivation rages. In these terms, shyness is a symptom. *Shyness*,p.45.《羞怯 <1> 腼腆的人》,76 页。

外向的样子。

纽约的精神科医生 Donald Caplan 认为，羞怯的起源与自恋一样，来自对自己的过度关注。[①] 但仔细想一想便能理解，陷于担心自己会被杀掉的恐惧之中的人，无论是谁都会一门心思想着如何保全自己的。

假如在房间里与一个杀人犯相对，那么恐怕无论是谁都无法去考虑其他的事情，也没有多余的心力去想“这个杀人犯究竟是个怎样的人呢”之类的事情。

羞怯的人与人打交道时，由于把精力都消耗在了猜测对方如何看待自己上，没有多余的心力去思考对方事情。

对方穿着什么衣服，对方的经验和本领，羞怯的人对这方面是什么也记不住的。

对于心理健康的人来讲，这简直不可思议，怎么会什么也记不得呢?

但是不要忘记羞怯的人心底有一种“觉得可能会被杀掉的恐惧”，有这种恐惧的支配，这种情况的发生也就不足为奇了。

也正是因为这种恐惧，羞怯的人总是压抑着自己的各种行为和感情。结果就会像之前说的，他们心底会积累起越来

---

① 《羞怯 <1> 腼腆的人》，77 页。

越多的敌意。这种敌意外部化的结果，是使得他们认为别人也对自己同样怀有敌意。

由于对别人有这样的误会，所以会因为一些琐碎的小事而感到害怕。

这种情况下的羞怯的人，即使与人见了面，对方都说了什么，拿着怎样的包，甚至对方的名字有时都会不记得。

人在恐惧之下，没办法去关注这些。

如此害怕对话的中断，记不住对方的发型和名字也不奇怪。

总的来说，自我意识过剩的人，他们在感情上是不成熟的，因此，也谈不上具有独立的人格，对于周围的世界缺乏兴趣，因此也没有意欲主动去做些什么。

而自我意识不过剩的人，是心理健康，具有独立人格的人。对周围的世界也具有好奇心，有自发地去做事情的意愿。

前面也已经说过，自我意识过剩的羞怯的人，不能因此就失去了作为自己的自豪。

羞怯的人，一直以来比心理健康的人更加努力地走到了这里。不要忘记我们先前提到的有关态度价值的说明。

现实是要接受的，但更重要的是在那以后的事情。

“尽管如此，我是具有价值的。”要这样想，要为自己感到自豪。

一直以来，努力地走到了这里，要为自己感到自豪。

实际上，那些出生在理想的环境里，在理想的环境中培养长大的人，是可以称为了不起的吗？

了不起的人，是那些克服了不理想的环境的人。

羞怯的人，他们出生在一个迫使他们成为了羞怯的人的环境里。

请把这看作，是上天对你的眷顾与试炼。

版权登记号：01-2018-2210

图书在版编目（CIP）数据

你为什么总是说不出心里话？/（日）加藤谛三著；韩贞烈译．-- 北京：现代出版社，2019.1

ISBN 978-7-5143-7462-9

Ⅰ．①你… Ⅱ．①加… ②韩… Ⅲ．①性格－通俗读物 Ⅳ．① B848.6-49

中国版本图书馆 CIP 数据核字（2018）第 249694 号

你为什么总是说不出心里话？

著　　者　［日］加藤谛三
译　　者　韩贞烈
责任编辑　赵海燕　王　羽
出版发行　现代出版社
通信地址　北京市安定门外安华里 504 号
邮政编码　100011
电　　话　010-64267325　64245264（传真）
网　　址　www.1980xd.com
电子邮箱　xiandai@vip.sina.com
印　　刷　三河市南阳印刷有限公司
开　　本　890mm × 1240mm　1/32
字　　数　100 千
印　　张　7.5
版　　次　2019 年 3 月第 1 版　2019 年 3 月第 1 次印刷
书　　号　ISBN 978-7-5143-7462-9
定　　价　39.80 元

只读

时间有限，我们只读好书。

励志馆

只读·励志新书

1.《职业逆转力：精进每一天！》

作者：〔日〕梅原大吾

译者：千太阳

出版时间：2019 年 1 月

ISBN：9787514373578

《职业逆转力：精进每一天！》是闻名世界的 80 后日本格斗电竞职业玩家梅原大吾的励志随笔集，为国内首次出版。本书记录了梅原大吾如何从从默默无闻到世界第一，身为职业人如何持续胜利的秘诀。

2.《活力》

作者：〔日〕稻盛和夫

译者：徐萌

出版时间：2018 年 8 月

ISBN：9787514370089

《活力》是日本著名企业家稻盛和夫第一本人生经营书。书中对于如何改变人生、改变命运、走向成功提出了独特的经营法——把人生当成自己的创业公司来经营，用企业管理的理念，经营自己。

只读

时间有限，我们只读好书。
励志馆

3.《写给想哭的你》
作者：〔日〕松浦弥太郎
译者：徐萌
出版时间：2018 年 7 月
ISBN：9787514370447

《写给想哭的你》日本最受欢迎的生活美学家松浦弥太郎的治愈系生活哲学。书中以 24 堂治愈系生活哲学课、100 条亲切而实用的自我修复指南，让受伤的灵魂找回获得幸福的力量。

4.《常与同好争高下，不与傻瓜论短长》
作者：老杨的猫头鹰
出版时间：2018 年 10 月
ISBN：9787514373042

《常与同好争高下，不与傻瓜论短长》是畅销书作家老杨的猫头鹰“醒脑之书”系列第四本。

书中 22 个鲜活的故事，献给不够圆滑也不够世故、不够成熟又不够幼稚、不想变坏也不想太乖的每一颗心灵。

5.《别着急，反正一切来不及》

作者：金小安

出版时间：2018 年 7 月

ISBN：9787514346244

《别着急，反正一切来不及》是专栏作家金小安的女性励志书。作者记录了生活中的小细节和小感动，从友情、亲情、爱情等各个方面入手，分析了“自己与自己的关系”，旨在引导女性读者更好地与自己相处。

6.《你所坚信的生活，最终都会实现》

作者：她总

出版时间：2018 年 7 月

ISBN：9787514371024

《你所坚信的生活，最终都会实现》是中国首个独立女性成长社群“她生活”创始人“她总”的首部个人文集，融合其十余年的独立成长过往，揭开最隐秘的心路历程，寄望每个人在这个功利的时代活出自己想要的模样。

时间有限，我们只读好书。
励志馆

7.《人生总要妙妙妙》
作者：蔡志忠
出版时间：2018 年 5 月
ISBN：9787514367980

《人生总要妙妙妙》是著名漫画家蔡志忠的漫画随笔。书中作者用猫咪的姿态阐述“傲娇”的生活态度和不认输的拼劲儿，鼓励年轻读者面对生活要怀抱希望，面对理想要点滴积累，面对嘲笑要勇敢淡定。